蒋公狮子头

示范、口述／严裘丽

执笔／傅士玲　摄影／陈彦羽

科学技术文献出版社

奚家私厨房

推荐序

王宣一（小说与散文作家、美食鉴赏家）

这几年，美食风尚横扫世界各大城市，也横扫出版界。在琳琅满目的食谱书之中，我最喜欢读那种带有家庭风味的私厨房食谱书。对我而言，食谱书的作用最重要的是能读、好读，读了之后有赞叹，有认同，也有一些新的刺激；可以激发对烹饪的另一些想象，至于能不能照着去做反倒是其次。

事实上，做菜的人都知道，照着食谱并不一定能做出和食谱上一模一样的菜色，做菜的精髓不只是步骤，更重要的是选材、是火候、是用心、是经验、是判断，几分熟是刚好、几瓢油才能炒菜、几匙盐才合口味，这一部分有时不只是读食谱而已，必须经过反复体会，推敲，再实验才能得来。所以，我喜欢读家庭式的食谱，那是一种经过真正的生活，经过风华岁月体会出来的心得，那样的食谱才能给读者一种真正的启发，而不是按表操练。

《蒋公狮子头》是当年蒋介石先生的好友奚炎（字勉之）先生的家庭食谱。当年蒋介石常常拜访奚家，吃奚家的料理，奚家厨房也常做些私房菜送去官邸给蒋先生夫人品尝。这本书是由奚炎先生的媳妇示范口述，记录了蒋介石最爱的几道菜的做法，也公开了奚家的私房食谱。曾有机会参与大时代世家生活的奚家媳妇严裴丽女士，本身也出自上海世家，对于做菜可说是从小就耳濡目染，在大家庭的厨房练就一身好厨艺。这本不同于一般食谱书的私房菜谱，是以江浙菜为主要菜系的奚家家传菜色。我们看到其中记载的不论是蒋介石最爱的"蒋公狮子头""奚家老豆腐"，甚或是一道"红烧肉"，都有家庭厨房才可能得见的平凡与不凡。

平凡的是食材，也是普通市场可以得见的材料，并非一定出自某一个菜园某一个农场的特殊产品。但不平凡的却是经由一道道程序，以繁复细腻的功夫，将看似平凡普通的食材做出一种风格，一种属于蒋家、属于奚家、属于那个时代的江浙菜的精致品味。而这种又精致又家常的风格是自然存在于生活之中的，并不是在豪华的饮宴上才能得见。就如《红楼梦》一书里的"茄子"，一盘经过数十道程序几十种食材烹煮出来的茄子，不过是刘姥姥走进大观园吃的家常菜。然而我们看到蒋介石爱吃的"奚家老豆腐"经过十几道的水煮，再用鸡汤、火腿、鲍鱼、冬菇等去煨，这样的独门绝活，这样精心煮出来的手工菜，堪称和《红楼梦》中的茄子可以相比拟。因此，我们读这本书，可以从作者的语气和做菜的程序之间，读到那个时代的氛围，那种华丽却又家常的生活情调。

这样的记录无关政治，那是一个时代、一种氛围、一种情感之下的生活记录，多年之后经由奚家媳妇整理归纳，让后代从菜谱之中读出当时厨房生活隐藏的细致和高雅，也揭开伟人生活的一点面纱。然而，她的语调不温不火，述说每一道菜肴的来龙去脉，不论多么繁复，都云淡风轻似的。她总是先说出她做这道菜的方法或是典故，但同时也很婆婆妈妈地交代，如果你懒得剁，就用机器帮忙；如果你买不到这样的材料，用那样的也可以。有些时候，她甚至不计较是白毛猪、黑毛猪，不在乎肥肉瘦肉是三七比或四六比，但这并不意味着她就对食材不坚持。事实上，如果是在一般市场上买到的，不论是黑毛猪还是白毛猪，都是饲养的猪，做红烧肉她坚持的食材是猪肉的部位，是乌醋、酱油的选购。不论油腻肥瘦，最重要的是要花心思。程序是一道一道的，不能省。不是清淡少量才是精致，才是时尚。做菜看时间，看场合，也看时尚。时尚讲养生，无论是用浓浓的腌笃鲜养生，还是用调整过肥瘦比的狮子头，一切看个人而定。家庭厨房要扮演的角色就是随机而动,随兴而做,随缘而尝啦!这才是真正的生活,是每天生活的厨房,蕴涵着历史、文化传承的真正美味的私厨房。

因此,有机会你会想要赖在她家的厨房里,跟着她在炉子边打转。在那种轻松自在的气氛中,不必问酱油要用哪个牌子,要不要放姜,要不要放葱,狮子头要捏多大—— 一切都随你高兴吧。家家口味不同,人人口味不一,哪个是标准的扬州狮子头?谁的烤麸切得大小合宜?伴着炉上的大锅小锅、鸡鸭鱼肉、五谷杂粮,家庭厨房不必一成不变。做菜是一门艺术,是一种心情,更是生活的一部分,本来就不是非要这样非要那样的。虽然这本食谱记录的全是奚家厨房做出来的功夫菜,但是记录方式却很家常,没有几两糖、几根葱的细节,却多了一份私厨房的雅致风韵。所以,这不仅是一本食谱书,更是一本好读的饮食文学书。你会迫不及待地一页一页读下去,真是好亲切的"邻家妈妈说故事"。

用心就是佳肴

推荐序

陈毓钧（中国文化大学美国研究所所长暨专任教授）

这是一本让我感动的食谱。

在华人的日常生活里，吃吃喝喝不仅仅是为果腹，更是亲人朋友之间情感交流的重要媒介，这在商场、政坛上尤其明显。然而，这类的应酬饭局通常不容易引起与会者的共鸣，因为大家多半心知肚明，吃吃喝喝只是邀约的好理由，实际目的通常是谈事情，带着或多或少的沉重负担。美食当前，若不能放开胸怀畅快享用，既辜负美食，也辜负了自己。很多时候的应酬，我们都是避之唯恐不及的。只有裘丽的邀约，即使真的有事情需要讨论，我也必然一马当先排除万难全力以赴。

裘丽真的是个好主人。即使她忙坏了不能下厨，也会设法尽力在挑选的餐馆盯着大厨的菜色。也因为外食毕竟很难尽如人意，而她的标准又如此之高，于是，裘丽自然更愿意亲自下厨，而我们因而成了最有口福的人。

下厨当然是辛苦的,可是从前的婆婆妈妈却都不畏辛劳,因为自家的厨艺不论高下,也总有与众不同的口味。特别是裴丽这样出身不凡的手艺,光是听到那些传奇背景,就足以让大家垂涎三尺了,更别提口味上面的出神入化。没尝过的朋友曾疑问,上海菜不都是那样吗?跟街坊馆子做的有多大差别?差矣差矣!同样的菜名有不同的讲究,尤其上海菜特重火候与做工,街坊少有餐馆愿意如实照做。在一个时间就是金钱的时代,裴丽用来款待我们这群朋友的,不只是一桌美馔,更是全心全意难得的情谊。

全世界只有在裴丽的餐桌上才品尝得到的菜肴,现在终于有了初步的记录,可以留待有缘人与有心人继续发扬光大。这本书也记录了早年私厨的一种优雅气质,没有辛苦的过程,只见厨艺行云流水的乐章,读着读着就不知不觉融入一个迷人的世界,忘却自己其实是个不善下庖厨的人,浑然以为下厨是那么自然可行的事。而平常让我感到神秘的伟人口味,做法实则平凡,最大的窍门其实就是用心。

裴丽谦称这是野人献曝,而我却认为这是裴丽慷慨无上限的真性情所致。这些几乎要随着时代流逝的传奇菜肴,本可以永远维持遥不可及的神秘感,但裴丽不藏私,大方公开传颂已久的神

秘食谱。我在书里头,看到私房佳肴的秘密,更看到无私的善意。真的,这是一本让我感动的食谱。■

妈妈的绝活手艺

推荐序

杨泰顺（中国文化大学美国研究所与政治系教授）

当严裘丽女士打电话给我，希望我为她即将出版的烹饪书写序时，我当即的反应是"别开玩笑了，这种序我怎么会写"。

的确，尽管过去曾写过上百万字的文章，但大多是我向来熟悉的政治评论或学术文章；对于餐饮，虽然自己也爱吃，但由于向来不下厨，如何能够说三道四？再说，虽然裘丽的菜可口，但坊间的烹饪书籍，可谓汗牛充栋，我写序的这本万一不如别人的好，一世英名岂非毁于口欲？而要我以有限的知识，混充内行地夸耀裘丽的菜谱好，却又是君子不为也。

在裘丽祭出"以后不再请你吃饭"作为威胁后，我终于只有屈服，否则味蕾如果抗议，晚上也许连觉都睡不好。毕竟自己是研究政治学的，烹饪书的序当然还是得回老本行找灵感。

两千多年前政治学大师李耳那句名言"治大国如烹小鲜"，

曾引起许多不同的解读，但我认为最贴切的是"大国之中利益必然多元，顺了姑情便难免逆了嫂意，故而治理这样的国家，必须如同烹煎小鱼，只能恰如其分，不能太过或不足"。但如何拿捏火候，其中当然充满了巧思与权谋。老子拿烹饪的道理来比喻治国的艺术，不经意间也透露了烹饪并非厨房小事，它也可以像治理国家一样复杂。

古今中外，多数家庭总是由女性掌厨。但每每看到"食神大赛"的报道时，那些忙里忙外的却尽是男士。就算依照比例原则，拿到烹饪奖的总该有一半是女性吧，但实际的比例却远低于此。也许，烹饪这事便如同老子所言——"内情相当复杂"，个性单纯、说一不二的多数女性，自然不易在这个领域中脱颖而出。

在物质文明高度发达的今天，社会上掀起一股返璞归真的风潮。例如，许多人宁可放弃都市生活的便利，举家搬迁到山林乡野之间；饮食上也有愈来愈多的报道指出，原味才最符合健康的原则。吃惯了大鱼大肉的都市新贵开始发现，那些复杂的料理程序中，似乎添加了不少有碍健康的元素。如何吃得好又能吃得健康，成了社会大众讨论的焦点。也因此，蓦然回首我们终于发现，过去那种单纯、健康，却又让我们唇齿留香的"妈妈手艺"，才是真正好的料理。

与裘丽和她的一班朋友相处多年，大家异口同声地将她归类为"傻大姐"型，没有心机也搞不懂复杂的事。这些年来，大伙儿到她家吃喝的多，回请的次数却少之又少。但她从来不以为意，有朋友来总是一件让她开心的事。这样单纯直率的个性，几乎是一个样地反映在她的做菜风格上。每回问她，这道菜为何烧得如此可口？那道菜何以如此入味？答案总是那么简单而直接。因此我压根儿没有想过，裘丽的"这点儿功夫"居然可以写食谱。

裘丽曾偶尔道及，母执辈如何在厨房中指点她做菜的规矩，现在回想才体会到孙中山"知难行易"的真谛，原来厨房十分钟，还真得平常的十年功。这些点点滴滴所累积的烹饪知识，裘丽毫无保留地在书中完整呈现给读者，尤其，她选择的食材也和她的个性一样单纯，多数在街坊的超市或传统市场便唾手可得，不会有如部分食谱，总是因为部分材料的缺乏而功亏一篑。也因此，我们如果希望在饭桌上找回"妈妈的手艺"，让家人吃得健康无负担，裘丽这本烹饪书应该是个绝佳的选择。■

豪门私房菜的慢食主义

出版序

傅士玲

裘丽阿姨有着不凡的美貌，那种美丽好像注定也要有个足以匹配的不凡人生。一开始，我是难以把做菜这回事，跟打扮入时，驰骋纺织业三十年的她联想在一起的。平日我们都喊她"奚妈"，虽然现在的她已经不是奚家人，但因为她是朋友的母亲，所以"奚妈"这样的称呼理所当然。

奚妈在大学毕业时，就依照当时那个年代的道德潜意识，通过家长安排与媒妁之言，嫁给门当户对的好人家，与奚爸做了二十一年的夫妻。出身上海世家的奚妈，进了官宦家族，因为是最年轻的媳妇，又生得美丽，所以深获家人疼爱。奚爸的父亲当年曾是大陆迁台前江苏省的财政厅长，来台后曾任台湾银行副总经理的职位。可想而知，当时与奚家来往的必然都是身份特殊的官员们。尤其奚爷爷一大家子住在银行宿舍，前前后后的邻居也非等闲之辈。透过一般人的想象，我们也都觉得奚妈的生活充满神秘气息，勾起无限好奇与窥探的欲望。然而，奚妈总是三缄其口。

跟奚妈熟稔之后，才断断续续辗转听到大户人家的小小故事，听到最多的，就是传说中的奚家私房菜，之后又非常幸运地尝到。这些在昔日官场小有名气的菜肴，确实符合了豪门该有的气质，特别是其中的工序繁复讲究，让这些美食格外引人垂涎想一探究竟。然而，有趣的是，最初勾起无限猜想的豪门生活，实则普通。经常到奚家聚餐的蒋介石，透过奚妈的描述，始料未及，让我们看到强人私底下平凡的面貌。奚妈为我们掀开了政治人物惹人遐想的帘幕，也揭开了一个在美食世界里的永恒真理——美食当前人人平等。再怎么叱咤风云的人物，在餐桌上也是一介凡人，同样会被美味的食物所征服。

美食应该比核子武器更能有效地解决人类的争端吧，或许。

世界真的很小。认识奚妈许久后，我才知道，奚妈口中的那个奚家，就是我以前的长官奚淞先生的家，而奚先生是奚家最小的儿子。我不禁想起曾有一回，奚先生给我们编辑们上课讲述中国绘画美学，提到宫廷里头的飨宴，奚先生下了这么一个注解——"皇帝爱吃的绝对不是大鱼大肉"，令我印象深刻。在那之前，奚先生曾说过自己小时候因为年龄最小，大人都不太张罗他，每天早上出门上学前，他都自己从床铺底下搬出自家腌泡的泡菜、咸菜配稀饭填饱肚子。我把两件事情联系起来，才明白，奚先生可能不是在抱怨没有早饭吃，而是很骄傲自己有独门的佳肴可以珍而重之。见识过山珍海味之后的人生，更能品味萝卜干的纯粹隽永。

那种心情，我却是在尝到了奚妈的手艺后才有所体会。奚家美食的最大特色是风味无穷，食物入口层次丰富。例如同样是茶叶蛋，各家都有不同窍门。奚妈当年跟家厨所学的，再加上自己钻研后的调整，那茶叶蛋竟然香蹿鼻窦深达丹田。都说上海菜浓油赤酱，奚妈的菜肴除了承袭这样的衣钵，还多了活泼的个性。因为活泼，香甜咸入口变成愉悦的节奏跳起快乐的舞步，引爆用餐者的食欲。奚家的私房菜纵使端上桌还能看见鲍鱼、海参等老料，但是那种只有入口之后才能展现的丰富华丽，却来自看不见的过程与众多材料的荟萃结果。萝卜干与泡菜的甘美深邃，是因为光阴的作用所缔造而成的；不用芡粉的浓油赤酱，也唯有时间能够淬炼出来。我们在奚妈的餐桌与厨房，看到了三十多年来从未曾间断过的"慢食"精神被百分之百贯彻始终的成果。

不止于做菜的慢工细活，在奚妈家吃饭，也不能赶进度，一顿饭吃得再快，少说也要四个小时。奚妈曾经创下的最高纪录是，有一年年初二招待十多位外籍友人，从中午吃到晚上十二点，一行人吃光了二十道菜，五斤花生米，外加五斤糖果，喝光了五瓶高粱酒。而稍稍逊于这等规模的宴客，真要数起来怕不下百来遍。想象一下，二十道菜要花多久时间调理？问奚妈何苦这般辛劳，她却笑得甜美："做菜就是用一颗欢喜心，做菜让我很开心。现在的人天天外食，有机会吃这样一顿饭，大家都很开心！"

酷爱美食的人要不想自己下厨是不可能的。因为爱美食，就会好奇这些那些食物跟这些那些调味料的结合，会产生哪些结果。因为好奇，就会跃跃欲试在厨房玩起科学实验。爱上美食的人，最后都会爱上做菜。再复杂的做菜步骤与过程，都是探究饮馔奥妙不可或缺的历程。而且，爱上做菜的人，最后都爱做菜给人吃。厨房里头再辛苦的舞刀弄铲，也都化为不求回报的善意奉献，奉献给所有乐于分享的亲朋好友。

会做菜真的是一种不可多得的天赋，能把填饱肚皮的求生本能提升到艺术境界。能尝到这样的朋友所做的佳肴，可真是三世修来的福气。我们都很珍惜三不五时能吃到奚妈的手艺，也希望能长长久久拥有这么大的福气，更希望借着这本书的出版，把奚妈用爱做成的美食分享给同样喜爱做菜的朋友们。毕竟，有爱的食物最美，不自己下厨，哪有机会尝到有爱的食物？■

序

在家吃饭，家才有味道

自序

严裘丽

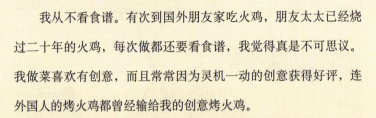

我从不看食谱。有次到国外朋友家吃火鸡，朋友太太已经烧过二十年的火鸡，每次做都还要看食谱，我觉得真是不可思议。我做菜喜欢有创意，而且常常因为灵机一动的创意获得好评，连外国人的烤火鸡都曾经输给我的创意烤火鸡。

可能因为喜欢美美的东西，我从事纺织业三十年之久，自己会设计服装，也爱画画，做菜之于我，也是同样的艺术创作。就连吃都是艺术，食材要好，做工要好，过程要讲究，吃的时候要心情好。例如我做茄汁明虾，一定自己用新鲜番茄熬制茄汁，不用现成的番茄酱；炖煮鸡高汤的时候，四五个钟头要看着砂锅随时撇油；做烤麸一定用鲜笋，夏天用绿竹笋，冬天用冬笋。经验告诉我，做菜的材料是不能精省的，该下的工夫也马虎不得。

或许是因为上海男人都很居家吧，前夫奚家的男人都很会做菜。我做的上海菜，一部分是跟着奚家大厨与婆婆学的，一部分是前夫教的，还有一些是我娘家原本的私房菜。有很多人以为上海菜一定甜甜腻腻油汪汪，其实这是误解。因为就我个人所了解以及所学的，我的菜肴放的糖分很少，吃起来有甜味，却不是腻口的那种甜；而且也不油，所有的浓稠酱汁都是自然浓缩成的，因为我从来不勾芡，教我做菜的婆婆与大师傅也都不用芡粉。事实上，菜要好吃，有大部分的甜味来自于食材本身，浓稠也是如此，而这完全靠时间与火候。可以说，上海菜讲究的是时间，让时间来沉淀食物的美味，而这一点是什么也难以取代的。也是因为这样，自己做的菜，吃起来滋味绝对不同于坊间餐馆的，因为唯有自己做才能真的不速成不做假。

我结婚前从没下过厨，婚后进了奚家，公公婆婆都很疼爱我，除了家里有大厨，公公婆婆也都擅长厨艺，因此说实在的，其实还轮不到我掌厨。之所以爱上做菜，是因为有一年端午节，刚巧大厨家里有事得请假，我进厨房给婆婆帮忙。婆婆看到我这个千金小姐居然拿着锅铲用反面在炒青菜，不禁笑了出来，我从此发誓一定要学做菜。于是，我一有机会就跟在大厨旁边看。虽然还是轮不到我动手，但是看久了，我还是懂了不少窍门，也颇得意自己还算聪明，这样悄悄学了一手私房菜。我的母亲本身厨艺很好,但是妈妈并没有教我做菜。爸妈当年在浙江经营中国油墨油漆厂,以前的彩虹牌油漆就是他们厂的产品。爸妈也都是上海人,所以我娘家的口味与奚家的菜没什么两样。虽然我原先不会做菜,或许是吃多看多也听多了,耳濡目染下好像真正下起厨来,显得得心应手。

当年,从大陆撤退前,公公是当时的江苏省财政厅厅长,来到台湾后担任台湾银行副总经理。所以我结婚后就跟着住在银行的宿舍里,严家淦家就和我们家背靠背。偌大的宿舍只住了公公、婆婆、前夫与我,以及司机与大师傅,加上刚准备去法国留学的奚家小儿子奚淞。奚淞朋友多,特别是艺术家朋友,家里很热闹。

蒋介石在大陆时跟我公公私交很好,两人又年龄相当,早年逃难时不论到昆明、青岛,公公都一路追随着蒋介石。来到台湾以后,蒋介石自然常来奚家小聚,连带着一些叱咤风云的人物如辜振甫、赵耀东、金克东,以及台湾省政府主席黄杰、"赤脚将军"王淑敏等人也呼朋引伴同来串门子。因此,奚家大师傅会为大家做一些私房菜,例如流传在政商名流间的奚家老豆腐就是其一。其中也有一些奚家原本的家常菜深受蒋介石青睐,例如蒋公狮子头、茶叶蛋、红烧黄鱼等,也是餐桌上的常胜军。我公公过世不到半年,蒋介石也过世了。没多久政府收回奚家的宿舍,我跟前夫带着小孩搬出去自己找房子住，那时才开始自己下厨做菜。

我从来不觉得做菜很难，反而觉得是一件很简单的事情。最重要的就是要用一颗欢喜心做菜，万万不可心不甘情不愿，因为既然要做菜，就是希望用菜肴传达自己的欢喜心给吃菜的人。因此，我很喜欢在家请客，这样才更能充分体现宾主尽欢的目的。做菜时刀工细巧当然最好，如果一开始做不到，也千万不要气馁，多练习练习就能很快克服了。一旦抓到做菜的要领，灵感与创意就像打开潘多拉的盒子，会让你迫不及待天天弄些新口味出来玩一玩呢。

做菜对很多人来说是非必要的，对我而言不是。简单的一盘青菜，自己做的吃起来的感受跟在外面吃的绝对不一样。而且，真正能讲究用料的菜肴，绝对是自家做出来的，新鲜干净不说，对整个制作过程都能全程掌握。同时，自己吃的不需要计较分量与成本，一定是真材实料吃下肚。

在家里做菜吃还有个优点，就是可以让家人吃到食物真正的滋味，以及与家人共享的滋味。这份无形的享受会成为家人心目中"家"的滋味，也会传递给下一代，像是生命延续中一条看不见却真实存在的线，把每个人拉在一起。吃得到食物真正的滋味，才懂得分辨哪些味道是不对劲有问题的。吃的目的除了填饱肚子，

也在学习认识食物的味道。

想当年如果奚家都是外食,连蒋介石来家里做客也都叫外卖,哪会留下口耳相传的稀奇食谱呢?如果大家彼此请客吃饭都在餐馆解决,那么,谁请谁又有什么分别呢?只要家大业大,有钱就吃得到嘛。家常菜就是因为拥有特色才更显得珍贵奥妙。饮食愈多样化,滋味愈丰富多变,才是美食最大的价值所在。

我相信,自己做菜,吃饭这件事才会有独特的意义。■

目录 Contents

Chapter 1　豪门家宴

032	蒋公狮子头	蒋介石的最爱之一
044	奚家老豆腐	蒋介石的最爱之二
049	肴肉	蒋介石的最爱之三
054	鸡油豌豆米	翠玉金汤
058	鸡煨干丝	淮扬菜的灵魂
064	梅干扣肉	江浙人的共同乡愁
070	腌笃鲜	浓鲜酥香祛寒锅
075	黄豆猪脚	润骨养颜唯我独尊
080	红烧黄鱼	蒋介石官邸年年有鱼
084	油爆虾	甜鲜吮指乐无穷
088	风鸡	地方风味妙不可言
092	蛋饺	谁说我只是个火锅配料
096	十香菜	吉祥贵气雅素
101	蒋介石茶叶蛋	冰花小元宝好吉祥

Chapter 2 官邸私房菜

110	趴鸭	独门绝活艳惊四座
115	红烧肉	经国先生与方良女士的私房菜
121	红烧蹄髈	嫣红凝脂消融于无形
126	八宝辣酱	边边角角食物大变身
130	清蒸臭豆腐	肥嫩多汁满室香
135	金勾白玉	鲜笋有味四季飘香
140	熏鱼	非关乎烟熏
144	烤麸	看似平凡的功夫菜
149	卤牛腱	简单是最大的学问
153	蛤蜊银芽	养颜滋补鲜上鲜
158	烟熏黄鱼	甘甜香鲜隽永迷人
162	葱烤鲫鱼	粗菜细做的经典代表
166	曹白鱼蒸肉饼	腌与鲜的最佳拍档

170	上海番茄牛肉	大蒜与浓油赤酱的绝妙演出
175	洋葱虾	嫣红莹润冷热两宜
180	火腿鸡汤白菜	看不见学问的深奥料理
185	开阳白菜	海陆联手美味无敌
190	雪菜百叶	清鲜味美浓淡皆宜
194	油焖苦瓜	糖重色丰滋味浓
198	鱼香茄子	麻辣酸香人人爱
202	干煸四季豆	脱水酥香的川厨秘技

Chapter 3　奚妈创意菜

210	奚妈虾松	清炒虾仁的雅致版
214	鲜虾马铃薯沙拉	中西合璧的国际口味
222	马铃薯炖肉	我是中华美食，不是樱花妹
226	麻辣酸菜臭豆腐	不臭就不够香
231	海鲜米粉	南洋风的福州口味

236	跋／分享家的幸福	奚彬

豪门家宴

Chapter 1

蒋公狮子头

蒋介石的最爱之一

狮子头的做法每家都有各自的一套秘方,蒋介石爱吃的这款"砂锅蛤蜊狮子头"是当年奚家大师傅的手法。以前的人家口味比较重,也较能接受肥肉。但是后来大家的环境改变,口味改变,我们做狮子头也跟着改变了。

原则上,若肥肉的比例高,狮子头的口感就相对滑嫩松软,咬起来会觉得较为腴美多汁;若是减少肥肉的比例,狮子头就会变得比较有咀嚼的口感,但只要做法得当,吃起来丝毫没有干柴之感。你可以根据自己的喜好来调配肥瘦肉比例,因为美食就是适口,符合自己的口味最重要。有些人喜欢的狮子头要滑嫩柔细,以汤匙舀食,有的人喜欢肉在滑腴之外还要有咀嚼的快感。

蒋公狮子头采用基本的配方,原本大师傅用肥四瘦六的比例,我们后来改用肥三瘦七，甚至直接选用前腿肉，也就是稍微肥嫩的梅花肉来做，而且纯用手切或绞肉制成肉馅，当中只添加必要的葱姜酒基础配料。甚至肉馅内只加酱油不加盐，因为届时高汤内还要加上本身就等于盐的金华火腿。肉馅也不额外添加什么豆腐泥、山药、蛋白、荸荠等，就是纯粹品尝肉的滋味。但是，这不是说狮子头就不应该添加其他食材在肉馅里，纯粹看个人或各家偏好。

每道菜肴的起源都不同，而饮食是流动的文化，美食与烹馔的乐趣有大部分就是在于它可以百分之百仿效，也可以没有规则与框框的限制另辟蹊径，尤其后者更有助于开创我们的新文明与文化交流。

蒋介石喜爱的这个狮子头是以砂锅清炖，肉丸子没有经过油炸的步骤。将肉馅拌好也甩过处理好之后，团成肉丸子放入锅中前，要以蛋白稍微在肉丸子表面上糊过一层，避免狮子头下锅散开。肉丸子在锅中要烹煮很久，久煮不散的狮子头才能吸取高汤的精华封存在肉馅内，吃起来汁多味美。如果一煮就散，丸子的肉汁统统散失在汤中，那么做好的狮子头本身就不好吃，也可惜了。

这道狮子头的关键诀窍是蛤蜊，因为高汤的主要成分就是蛤蜊清汤，再兑上适量的鸡高汤。你不妨在家里实验看看，不放蛤

蜊与放了蛤蜊滋味有什么差异。蛤蜊真是奥妙，它的鲜美与干贝的干货鲜不同，是一种有活力的，好像会在嘴里迸放的鲜美。如果买得到野生大蛤蜊最好，因为我们只取蛤蜊的鲜味，不吃蛤蜊肉，野生大蛤个头大，能贡献的鲜味更足，最后功成身退的蛤蜊肉只是剩余的渣滓。

如果买不到贵而少的野生大蛤，用一般养殖的普通蛤蜊也可以。为了求品质好，在挑选普通蛤蜊时尽量选外壳颜色深黑者为佳，这种蛤蜊身体强健营养足，吃起来当然更美味。这种普通蛤蜊有一部分会在汤没有沸前跟着狮子头一起下锅，被慢慢焖熟。它的肉其实并不老，吃起来比野生大蛤嫩，只是蛤肉会缩水变小，也没有那么肥嫩。

很多人不敢尝试在家做狮子头，有个原因是不会剁肉，也怕肉剁不好影响成品。其实做菜的趣味就在于菜肴跟艺术创作一样，每个人的作品都应该有个人色彩，有个人的味道，千万不要怕做得不如餐馆不如大师傅。而且只要成果能让自己或亲朋满意，就是成功的。历经多次尝试，我建议自认为不擅长做菜的人，可以请肉贩绞肉，把肉绞粗一点，粗绞后细剁。不要因为畏惧剁肉受到阻碍，失去玩厨艺的机会。自己花了心思努力在家烹煮一道功夫菜，每个步骤都充满着爱，而且满怀看到大家满意笑容的期待，相信这样的佳肴也一定会让人吃得更愉快，更健康。

火腿也是狮子头提味不可或缺的角色之一，你可以到有商誉的店家购买切片真空包装的火腿片或带骨蹄髈块。火腿的作用主要是创造狮子头的隽永风味以及咸味，因为腌渍发酵过后的火腿有种深奥的咸味，不是盐巴那种平板呆滞的咸。用得习惯后，炖汤煮白菜时都可以取代盐巴，妙用无穷。至于干贝，同样有提供咸味与贡献风味的作用，但是如果不放也影响不大，其中奥妙你不妨自己体会看看。

中国菜很深奥，靠海的省份有丰富的海鲜可供食用，所以大家都很懂得使用海产来增加菜肴的美味，久而久之还发展出干货与新鲜海味组合的调味之道，这道砂锅蛤蜊狮子头可说是其中一个代表作。也可以说，这道狮子头是练习江浙菜很好的入门课程，可以透过其中材料的比例与组合，更好地了解江浙菜的基本原则。

最有趣的是，听起来难做得吓人的狮子头，其实不容易做失败。即使肉丸子比例不好或者甩打不够，煨煮后的大白菜、笋子与冬菇等配料，也都美味到让人无法抗拒。■

蒋公狮子头

豪门家宴参考食谱

材料

（以下分量可以做成8颗拳头大的狮子头）

- 嫩梅花肉1斤
- 蛤蜊半斤做高汤，另外准备8颗用来镶嵌狮子头
- 干贝6粒，发好备用
- 金华火腿5片
- 大白菜1棵，一片片拆下，嫩的菜心放在砂锅底部，外圈老叶最后覆盖在狮子头上面
- 1颗鸡蛋的蛋清
- 葱姜酒（葱2根切段、姜丝2大匙放碗中，倒入酒2大匙压挤，只取酒的部分）
- 酱油适量

做法

1. 绞肉放入大碗内，加入酱油与酒，用筷子顺同一方向搅拌3分钟。
2. 绞肉分成拳头大小，握在手中，甩肉的动作是来回在左右手打大约8回。
3. 砂锅煮半锅水，水沸后把蛤蜊放入烫煮至稍微打开，熄火，将蛤蜊捞出，把白菜菜心部分放进锅底。
4. 把狮子头放入开口的蛤蜊内，一颗颗处理好，用蛋清糊住肉的外层表面，一颗颗整齐放入砂锅。
5. 接着将火腿片、干贝放入砂锅，然后把外圈的老叶白菜摊开来覆盖上去，将所有食材封住才盖上锅盖。
6. 用小火煨煮3~4小时即大功告成。随时留意将浮出汤面的浮油或杂质泡泡捞出。

豪门家宴

Story

狮子头
大有来头

出身扬州的狮子头堪称中华民族最普遍的大菜，也是拥有最多变化，又各有美妙隽永滋味的一道美食。二〇〇二年二月份美国前总统布什访问中国，中国国家领导人招待美国总统的佳肴之中，据说就有这道美食。

狮子头在扬州人口中的名称是"大斩肉"。类似的肉末丸子料理在其他地区也可见到，比方说大家熟知的北方式炸丸子，就是酸菜白肉火锅里头引人垂涎的配角之一。而北方人吃肉丸子不止于下火锅，也单吃炸丸子，或者烩煮白菜、黄瓜片，做成溜丸子、氽丸子。若要说扬州狮子头跟其他地区最大的不同点，恐怕是扬州的狮子头个头大如拳头，而且正宗的做法，肉丸子是清炖的，不用先经过油炸的程序。北方人也有这款拳头大的肉丸子，名称叫作四喜丸子，因为一盘只能装四个，不过做法不如扬州的讲究。

豪门家宴

湖北人也吃肉丸子，用糯米裹丸子去蒸透，以前的人称之为蓑衣丸子，现在我们叫它珍珠丸子。然而，其中差别还在各地的肉丸子处理绞肉粗细程度有异，自然口感殊异。

关于肉丸子的元祖，最早的文献记载是在《齐民要术》"炙法"八十内，这段短短的文字引述了已经遗失的南北朝《食经》有关"跳丸炙"的做法。当时的丸子是以羊肉为主，将羊肉剁细团成丸子，用烤的，感觉上像是日本人的串烧丸子，想必一定鲜美柔嫩。

狮子头的华贵身份其实来自于扬州的特殊性。在历史上，扬州琼花、万松山、金钱墩、象牙林、葵花岗引人入胜，是众多皇帝青睐的城市。《资治通鉴》说，修筑江南四大运河的隋炀帝杨广当年率领千艘船舶浩浩荡荡南下，"所过州县，五百里内皆令献食。一州至百舆，极水陆珍奇"。民间于是传说，看过扬州明媚风光，隋炀帝给御厨出了个难题，要以扬州名景入菜。御厨与当地名厨想方设法做出了松鼠鳜鱼、金钱虾饼、象牙鸡条和葵花斩肉四道佳肴，不仅赢得皇帝欢心，也让淮扬美馔蔚为风尚。其中的葵花斩肉就是现在的狮子头。

到了经济文化的盛世唐代，据说权贵郇国公韦陟宴客，家厨做了扬州的这四道御膳名菜。宾主尽欢之际，有人开始吹捧主人"郇国公半生戎马，战功彪炳，应佩狮子帅印"。主人忘形之余

豪门家宴

脱口而出"为纪念今日盛会，葵花斩肉不如改名狮子头"。从此扬州就多了这么一道气派非凡的狮子头。清朝乾隆六下江南每次必到扬州，可想而知他必然尝过狮子头，也肯定将做法带回了宫廷。

  这样看来，仿佛狮子头自始至终都是贵族的盘中餐。其实不然，肉丸子原本就是民间的料理。美食家唐鲁孙曾说，斩肉在扬州人眼中只是家常菜。也确实，扬州人几乎家家户户都有自家做狮子头的方法。只不过可能入了权贵府邸，多了大白菜之外的讲究。我们在坊间可以尝到的狮子头，做法殊异，变化无穷。有的厨师为了求口感，在肉馅内添加烹煮过后的糯米，也有的拌馅时加了豆腐泥、泡水拧干的吐司丁或馒头。有的厨师坚持最原始的配方，只用绞肉以葱姜提味，有的则别出心裁多加了碎虾米或者干贝增鲜。有的厨师油炸红烧，还有的油炸清炖，也有的不炸直接烹煮，有的又非常讲究地除了用高汤、大白菜之外还在汤里放了笋片、毛豆、蛤蜊、冬菇、猪皮等调味。■

豪门家宴

奚家老豆腐

蒋介石的最爱之二

蒋介石跟我公公奚炎（勉之）在大陆时私交就非常好。茶叶蛋、红烧黄鱼、狮子头、元宵，是过年时候奚家大师傅一定会做的。这些菜也是蒋介石非常喜爱的家乡口味，是每年过年一定要送进总统官邸的年菜。蒋介石每个年夜饭都会吃到奚家这几道菜。

奚家老豆腐是一道得花上七八个钟头的功夫菜，整板传统豆腐要先水煮个十来趟，完全去掉石膏味。要煮到豆腐内部呈现蜂窝洞洞，去掉六面老皮，呈现一块块的蜂窝豆腐，再用鸡高汤加上火腿丝、冬菇丝、鲍鱼片、鸡肉丝，用慢火煨至所有材料的滋味都被豆腐全部吸收。

神奇的是，吃过奚家老豆腐的人，都说这真是一道开运菜。这件事情呢，我说它是"民间传说，奚家认可"，因为连我自己也颇觉得神准无比。

豆腐应该是最没有阶级之分的美食,而且老少咸宜荤素皆美。有点年纪的人不适合大鱼大肉,但天然的滋养却也不能省。光是纯鸡汤就是很好的天然食补,再加上滋阴补阳的圣品鲍鱼、干贝,还有富含多糖体的香菇,已经是集合众多极品也贵气十足的补汤。大师傅别出心裁地把营养成分可比牛肉、口感却更胜牛肉的豆腐放进去煨煮,吸饱高汤精华。一块块原本十厘米见方的豆腐,煮到缩小成两厘米大小,一咬入口,那简直是天堂才有的滋味。

黄豆是穷人的牛肉,做成的豆腐老少咸宜。而且因为黄豆蛋白含有丰富的抗氧化剂异黄酮素,多吃还可以降低胆固醇,降低罹患心脏疾病的几率,预防老年痴呆。讲究饮馔的苏东坡曾如此歌颂豆腐:"煮豆作乳脂为酥,高烧油烛斟蜜酒。"

大师傅的手艺与创意毕竟厉害,在边边角角处也很讲究,为了让豆腐尝起来更滑嫩,入高汤前还得先将久煮去味的白豆腐六个面的外皮统统削除。你想想看,整板豆腐有多少块,水煮后缩小也不过刚好够一大砂锅的量,煮十来趟水就得花多少时间,再来还要细细切除外表较粗硬的皮。刀工手工之外,做一道菜的心情还急不得,这不是艺术创作吗?

我每次要做这道菜时,那心情其实也像是作画,慢条斯理细细铺陈；感觉又有点像是打禅，虽然花去一整天工夫，我却丝毫没有觉得这样做菜是浪费时间，反而觉得很有收获。特别是当家人朋友晚上吃到它，知道它得来不易，他们也得到了我用菜肴所要传达给他们的珍贵情谊。

学生时期常到奚家玩的蒋勋曾在接受报纸采访时说到这道菜："板豆腐买回来用大锅炖四十八小时，中间不能断火。炖到里面全是洞孔，然后削掉外面硬皮，把洞孔部分用老母鸡、鲍鱼、干贝煨进去，最后只吃豆腐……"他说的炖煮时间过长。除非是隔水蒸炖，不然连煮四十八小时，再小的火候汤汁也都干了，然而这道菜肴可不能中途添水进去。虽然炖煮时间没有这么长，但全部的工序算起来，前置作业包括炖鸡高汤三小时，发泡干贝最少三十分钟以上，还有切豆腐、煮水、煮豆腐来来回回十来趟，以及鸡肉拆丝，真的非常耗时耗体力。

但是蒋勋说得很对，"这绝对是家里吃出来的功夫菜。以前蒋介石在的时候，奚家老豆腐是进官邸的。人家说老总统很节省，只吃豆腐，到这个层次哪还要吃大鱼大肉？"

美食的最高境界其实是用心，用心的食物最美。稀松平凡的豆腐因为用心，成了要等待与付出才能吃到的美馔。∎

奚家老豆腐

豪门家宴参考食谱

材料

- 老母鸡1只
- 墨西哥车轮罐头鲍鱼1罐
- 干贝6粒,泡温水与少许酒加盖30分钟软化后拆成丝
- 金华火腿6片,切细丝
- 豆腐一整板,切成方块
- 葱姜酒与其他基础调味料

做法

1. 将老母鸡煨3个钟头,只取原汁原味的鸡汤。然后将鸡腿肉去皮,拆成鸡丝备用。

2. 起锅烧火,豆腐入水中煮15分钟,然后倒掉水,再加入清水继续煮。如此步骤重复10次,将石膏味去除。等豆腐变老了,切掉四周的皮。

3. 在砂锅中放入原汁原味的鸡汤,摆入一块块豆腐,加入干贝丝、火腿丝,一起煨煮1小时。

4. 起锅前将罐头鲍鱼汁、切丝的鲍鱼,以及鸡腿丝撒在豆腐上,白、红、金黄三色将这道菜肴点缀得无比完美。

肴肉

蒋介石的最爱之三

现在最时髦的保养品是胶原蛋白,很多饮用的胶原蛋白都是以动物皮提炼而成,再添加其他营养素,当然也会添加一些调味品。有很多人常问我,为什么我皮光肉滑看不出年龄。我的秘诀其实很简单,一个是学宋美龄女士天天喝鸡汤,另一个就是自己做天然的胶原蛋白美食,做体内保养。

这道菜肴在外面的江浙馆子都吃得到,但价钱不便宜,因为费工。不过我倒是觉得,它可以一次做好冰起来吃,天热时直接下饭省却舞锅弄铲,天冷时一方面可当冷盘开胃前菜,吃火锅时还可以直接下锅把清水变高汤,省得熬高汤。最重要的是,少量常吃真的可以养颜。

自己做尤其可以控制硝与盐的用量,用来请客也非常有面子,

豪门家宴

大家都会赞叹你的巧手，居然能整治这么难的菜肴。

肴肉是江苏省镇江的百年老菜，镇江有句俗谚说："镇江有三怪，肴肉不当菜，香醋摆不坏，面锅里煮锅盖。"说的是镇江人其实是将肴肉当作早餐吃。它的正确名称是水晶肴蹄，做得地道的，看起来皮色洁白，间或肉冻透明如玻璃，肉色嫣红泛着火腿般的玫瑰色泽。吃的时候蘸点醋，配点细姜丝，入口滑Q香腴，肥而不腻，瘦肉入口即化，老少咸宜，鲜润迷人。

肴肉的起源，相传是以前镇江有个小酒馆，有一年除夕前，老板娘上街买回制作鞭炮用的硝。老板刚好要腌猪蹄，误把白色的硝当盐用。后来腌好的蹄髈泛红色，肉质变得结实，蒸后放凉吃，意外地美味。它原本叫作硝肉，因为主人觉得不雅，便改名成为肴肉。要注意的是，硝是有毒性的，十斤肴肉大约最多只能用六克硝，过量就不好了。

做这道菜很是费工。首先，猪皮要处理得光滑干净，毛茬要一一拔除。尤其千万不能买那种用火烧毛的猪脚，不然上头残留的毛囊黑点点，会让成品掺杂不雅的污点。买肉的时候，要选用丰厚的猪前蹄。如果可以的话，指定黑毛猪更好，因为黑毛猪肉质有嚼劲却不柴，脂肪含量较高，吃起来更有肉香。黑毛猪贵而量少，却很快卖完，想买特定部位最好跟肉贩预订。

接着，腌渍需要有耐心。如果腌渍的时间不足，色泽出不来，蒸后也不入味，而且冰透后肉质还无法形成美丽的肉冻，肉质散散的，没有嚼劲。最后，蒸煮的时间要够，蒸好后放凉的时间也要够。放凉后还要摆进冰箱冰透，然后才能在上桌前切块盛盘。成功的肴肉看起来白里透红，一方方叠着十分诱人。

曾有人说，肴肉要做得好，有三大标准可以评断：第一，有咬劲；第二，瘦肉不塞牙；第三，润而不肥腻。好的肴肉即使不蘸姜醋吃，也不会腻才对。

豪门家宴
参考食谱

肴肉

材料

- 蹄髈1个，买时请肉贩把蹄髈四周的皮多留一点
- 硝1点点
- 八角少许
- 胡椒少许
- 粗盐少许
- 1个面粉袋

做法

1. 将粗盐、八角、胡椒放入炒锅内，用小火干炒至热。
2. 用手拿着蹄髈放入锅中翻滚将近10分钟，然后熄火。
3. 将蹄髈放入大碗中，倒入锅中的炒料，用保鲜膜盖好密封，放入冰箱。每天翻一次面。
4. 三天后拿出蹄髈，清洗掉所有附着在肉上的调味料。用面粉袋包住蹄髈，所有的皮向内，外头用粗绳绑住入蒸锅，蒸3小时起锅。
5. 凉透后，切适口小块即可上桌。上桌时要搭配镇江醋与细姜丝食用。

鸡油豌豆米

翠玉金汤

这是一道非常贵气的菜肴,虽说是小小不起眼的豌豆,但它可是初长成的未熟豌豆米。这些细小稚嫩,入口甜美,不见丝毫纤维的小豌豆,营养与美感好比是荤食中的鱼子酱。

普通成熟的豌豆本身并不是非常昂贵的食物,身价不及蚕豆与毛豆,而且在台湾的环境中也比蚕豆与毛豆适合生长,以前乡下的围篱边就常见这种植物,春夏掐来新发的嫩芽清炒,清香脆甜非常可口,颜色又十分碧绿美丽。上海人最喜欢用它来搭配虾仁,有红有绿煞是迷人。

上海人见多识广,再平凡的食物也能变出富贵花样来,豌豆米就是这样昂贵的杰作。把新发的豆荚剥开,取里头幼嫩的小豌豆宝宝入菜。初发豆粒格外嫩甜,又没有碍口的纤维,淀粉也不多,用一点点油清炒，或者加一点点雪白的鸡胸肉丝或美如珊瑚嫣红的晶莹河虾，大人小孩两相宜，营养美味兼顾，而且吃得绝对清淡没有负担。只是，一两动辄百元的价位，荷包多少有负担。豌豆也称为雪豆，可以将整个豆荚直接入菜当蔬菜，细嫩的豆苗叶也能上桌，豆荚内的果实成熟可以磨成豌豆粉制作其他食品。豌豆的豆仁圆润碧绿非常讨喜，放在白瓷盘中仿佛翠玉成串，可以当主角，也是非常好的配角。据说，豌豆荚与豆苗嫩叶富含维生素Ｃ和一种能够分解体内亚硝胺的消化酶，多吃可以防癌，而豌豆仁又比一般蔬菜多了赤霉素和植物凝素等成分。根据科学研究，多吃豆荚可以抗菌消炎，帮助身体新陈代谢。

豪门家宴
参考食谱

鸡油豌豆米

材料

- 鸡油 2 大块
- 鸡汤 1 碗
- 金华火腿丁 1 小碗
- 豌豆米 1/2 斤

做法

1. 烧干炒锅,放入鸡油煸出油,取出鸡油渣。
2. 加入火腿丁,小火拌炒,倒下鸡汤煮滚。
3. 放入豌豆米烧开即可。

鸡煨干丝

淮扬菜的灵魂

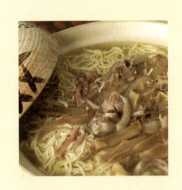

淮扬地区有一道有三百多年历史的名菜文思豆腐，它是扬州天宁寺的文思和尚发明的素斋，用嫩豆腐、金针与木耳等食物烹煮而成，说穿了就是豆腐汤。然而它却滋味鲜美，受到佛门居士的青睐而广为宣传，因此被命名为文思豆腐。据说清朝的乾隆皇帝也曾经品尝过，大加赞赏之余又让厨师将做法带回宫廷。多年来，许多厨师对配料与工序做了改良，演变至今更加考究也更美味。

传统的苏菜大厨的做法中，都有同样的一道步骤，就是豆腐烹煮前要先用滚水汆煮，把豆腐煮得比较结实，也把豆腥味去除干净。原本文思豆腐是纯素，演变至今的版本多半不是了。其中最主要的当然是高汤的不同，用了鸡上汤，再加上苏菜命脉的配料火腿，文思豆腐身价不同，口味也大大不同。

其实，文思豆腐的做法非常近似扬州传统菜鸡火干丝。而究竟是谁影响谁，在美食世界里往往很难去界定考证。干丝在扬州人生活中是早餐也是点心，是小菜也是大菜，可丰可俭，简直如影随形。干丝有豆腐的洁白，也能吸取高汤的精华美味，却有软中带韧的特性，又比豆腐容易保存。

鸡煨干丝一般人称为"鸡火干丝""大煮干丝""鸡汁干丝"，主原料是豆腐干，据说也是清代扬州厨师发明的佳肴。清人惺庵居士就有《望江南》一词曾经歌颂扬州："扬州好，茶社客堪邀。加料干丝堆细缕，熟铜烟袋卧长苗，烧酒水晶肴。"其中的加料干丝就是这道鸡煨干丝，是一道讲求刀工与火候的菜肴，据说要将三分厚的特制豆腐干均匀片成二十三片薄片，再切成火柴棒粗细的干丝。从前的师傅刀工了得，当然靠一手好功夫自己切干丝，绝对不假手机器，其实当年也没有机器可以代劳。

奚家大厨做给蒋介石吃的鸡煨干丝，做法听起来简单，其实还是有诀窍，烹制时火候要先大猛后小。还有，干丝下锅前同样要先汆煮去腥，另一个作用是将干丝先煮软。有时候买来的干丝可能不够软嫩，那么就要先用小苏打粉加在水里，浸泡干丝化软。这时候就非得先汆煮不可，以确保将小苏打水的余味充分消除掉。

这道菜的灵魂有两个，一个是鸡高汤，一个是火腿。煨煮高

汤也有诀窍,首先,煨煮高汤的鸡最好是当日温体鸡,没有冰冻过;其次,母鸡绝对比公鸡好,斤两重的老母鸡又比嫩鸡强。买回来的鸡肉要先洗净,用滚水汆煮五分钟以上,倒掉血水后,煮锅内放冷水,入鸡肉、葱姜与少许酒后才开火,用中火慢慢加温的方式煨煮。水滚后转小火,继续煨煮至少两小时。当中,要随时注意汤汁中如果有杂质油脂,要赶紧捞出,这样高汤才会清澈味浓。

火腿不见得一定要金华火腿,云南的宣威火腿也很棒。如果预算不多,用家乡肉替代也无不可,风味虽有差异,但仍旧美味。家乡肉与火腿的差别是,火腿腌制后经过了发酵发霉,家乡肉只有腌制风干而已——而前者贵,后者平价些。■

豪门家宴参考食谱

鸡煨干丝

材料

- 鸡高汤
- 新鲜鸡腿 2 只
- 干丝
- 冬菇丝
- 火腿丝
- 冬笋丝
- 盐、酒适量

做法

1. 在锅中将鸡腿以小火熬煮 2 小时,取高汤备用。
2. 砂锅内放入鸡高汤、冬菇丝、火腿丝同煮半个钟头。
3. 加入干丝,以中火煮 20 分钟即可。
4. 起锅时可以撒上青蒜丝或葱丝增味点缀。

梅干扣肉

江浙人的共同乡愁

正确说来,梅干应该写作"霉干",是用盐巴腌渍后发霉的菜干。它其实跟酸菜算得上姊妹,因为腌好的酸菜加以暴晒后,就成了梅干菜。梅干没有暴晒前呈现黄褐色,晒过后的成品就会呈现酱褐色,散发出一股奇异特殊的香气,入菜很能生津开胃。梅干扣肉说起来是非常居家的家常菜,江浙人家几乎都会烧,只不过做法略有不同。而除了烧五花肉,梅干菜烧排骨、烧鱼滋味同样令人回味无穷。

梅干菜其实也有许多等级之分。只取抽芽的芥菜新苗做成的,据说在乾隆时期是特制给皇上的贡品。在口味上,梅干菜又分为甘味和咸味两大类。不论你是否有机缘买到传统古法暴晒腌制的梅干菜,洗净下锅前不妨尝尝味道,这样调味时可以有个依据做修正。上好的梅干菜色泽酱褐偏黄，绝不是黑黝黝的。我通常是趁着到新竹关西等客家庄地区旅游时，向熟识的老人家购买他们自制的少量的传统梅干菜。因为吃久了自然好坏心知肚明，"除却巫山不是云"，所以我已经很久不曾在超市买大量生产的制品。但也因为这样，我家上桌的梅干扣肉吃起来唇齿馨逸，颇受好评。

一般坊间的做法大致可分成焖煮和蒸制，我们家一向比较喜欢用焖卤的方式，用个小砂锅小火慢慢焖。很多人因为时间有限，会借助电锅，用隔水加热的方式蒸煮。可惜蒸煮无法收汁，也难以靠着滚煮的过程将油水煮成乳化状态，将梅干扣肉烧成酱稠挂汁。至于五花肉是否需要油炸处理，我建议依照个人喜好就行。当然，切厚片的五花肉先油炸可以定型，久煮也不会破损。不过，其实只要焖的火候不要过大，维持汤汁小冒泡泡，肉片并不容易破损。还有一个做法是将肉片先用烤箱烤过去油，以200摄氏度烤10分钟再取出入锅加梅干菜焖煮。但是，烤肉片会使肉片卷曲成波浪状，必须稍微将肉片切厚一点点。另外，倘若你要用电锅蒸煮法，那么建议你将梅干菜切碎，这样更容易让味道入到肉片里，也让蒸煮后的汤汁更有滋味。

我们家的做法说来很家常，即使做给高官要员品尝，我们也不将肉整齐摆盘扣在梅干菜上。因为不管是什么场合，只要这道

菜出场，大家必定迫不及待分食而空，尤其内行人一下箸就找梅干菜，实在犯不着把精华所在的梅干菜藏在肉底下了。因为我家的梅干菜真的与众不同格外有味，又是人人抢食的目标，所以我们通常将梅干菜切成五六厘米的长段，不但方便大家锁定目标大快朵颐，也保留了较多口感。而且，因为我们不将五花肉先炸才煮，所以通常就将五花肉用沸水烫过捞起，大致切成故宫国宝"肉形石"的大小和形状，这样的尺寸不需要油炸也不会不好夹或破损。宁波人吃这道菜还会多加入口绵密细滑的小芋艿同烧，只要先将肉与梅干菜煮滚后，放入削皮的小芋艿一起焖卤就可以了。梅干菜还有一个妙用，就是用来红烧鱼，滋味和雪菜一样迷人。不过烧鱼时，记得先将鱼切块后煎香，再放入梅干菜与酱料焖煮约20分钟即可。

每一次烧煮梅干扣肉，闻着满室馨香的迷人气味，就会想起以前长辈们闲暇时打麻将，有时候厨师简单弄个梅干扣肉，就着现成的雪菜百叶，一大锅白饭很快就见底了。尤其夏天胃口不振时，梅干菜特殊的馨香甘美，每每让砂锅里的扣肉成了配料被留下来了。也因此，有时候我们干脆以苦瓜取代肉，这么吃起来就更起劲了。

豪门家宴参考食谱

梅干扣肉

材料

- 带皮五花腩 1 大块，1.5 斤至 2 斤
- 梅干菜 2 杯
- 葱 3 根
- 姜 4 片
- 八角 1 粒
- 酱油 1 大匙
- 冰糖 2 大匙
- 水适量
- 绍兴酒 1 大匙

做法

1. 煮开一锅水，将洗净的整块五花肉下锅用大火氽烫 10 分钟，捞起放凉。
2. 葱切成三等份长段。
3. 将梅干菜摊开弄松散，在水龙头下用水冲洗干净。要边洗边搓，将日晒残留的沙尘洗干净。
4. 把梅干菜切成 5 厘米长段。如果你买的是宽叶的梅菜，可以再切细一点。这时要试试看你买的梅干菜味道会不会太咸，如果你觉得太咸，用一碗温水浸泡 10 分钟，取出再洗净。
5. 将五花肉块切成"肉形石"的大小与尺寸，和梅干菜一同放入砂锅内，开火煮热锅子。
6. 等锅子热了开始冒烟，倒入酱油翻炒。五花肉会在加热时释放出油脂，把酱油煸出香味。
7. 加入葱、姜、酒、冰糖，再倒入水淹没肉块。
8. 煮滚后转小火焖煮 40 分钟即可。

附注：如果你用电锅蒸煮的话，外锅放两杯水煮 40 分钟。为了让油水呈乳化状，建议你先用锅子将材料全部煮滚再放入电锅，滋味会更好。

腌笃鲜

浓鲜酥香祛寒锅

对我而言，腌笃鲜有点像是西方人感冒时喝的治病鸡汤。只是我不论有没有感冒，常常想喝上一盅腌笃鲜。它除了是我们上海人的家乡汤，也是我想念的妈妈味道。

刚搬到新店临河滨的大楼时，初次见识到好景观也相对要付出的灌风代价。一入秋，我便开始早晚打喷嚏，那时候就是腌笃鲜治好了我的过敏症与不适应高楼的并发症。现在，初春微凉也好，深秋透骨寒也好，隆冬湿冷也罢，我仿佛只要听到炉子上煨得咕嘟嘟直响的腌笃鲜声音，就浑身暖呼呼活力四射起来。

腌笃鲜就是以腌的去炖鲜的，发音也很妙，叫作"伊都喜"（上海话读音）——腌的有家乡肉与火腿，鲜的有鲜嫩猪排、鸡腿或小蹄髈与冬笋。光是这些料就够瞧的，营养也好，况且这诱人的浓汤里头还加了容易吸汤的百叶结，以及起锅时添入的翠绿的青江菜。有时候在馆子里头吃到的腌笃鲜，笋子是腌笋，汤里只有家乡肉没有火腿，那可就不地道了。而且，家乡肉、火腿要汆水，猪排、小蹄髈汆烫后要再冲洗，竹笋不可以事先煮熟冰着再来下锅，要当日采收的带壳鲜笋。好的腌笃鲜，鲜笋炖煮后是象牙的净白；腌笃鲜里有火腿与家乡肉，汤色是奶白的，但却不会上面浮着黄油倒人胃口；青菜是碧绿的，不可以萎黄。

有很多功夫菜必须自己试过做过，才会了解其中的窍门。所以我一向认为，吃多了固然有见识，但是煮的经验多了，必然成了饮馔行家，谁也别想蒙骗你。

小蹄髈最好用肉少骨大的前蹄，以贡献胶质。我也会省却火腿肉，改用带骨火腿取代这两样。有些人怕尿酸高，那么可以将猪小排改为土鸡腿。总之，只要掌握重点是用腌的去炖鲜的，那就对了。就怕没有鲜笋的时节，偏偏要用腌笋混充，那可不行。不要说腌笋，连熟笋都不那么好。

至于是不是得用高汤来炖，我倒是建议无所谓，反正这些材料炖煮出来已经是很鲜美的高汤了。倘若要用高汤，那要留意，高汤里头就别再放火腿，用纯清鸡汤即可。还有，煮的时候必须不停捞除浮油，尽量让汤维持清澈。有的腌笃鲜不放猪小排或鸡腿，

放的是五花肉，这却是万万不可取的。

腌笃鲜的丰富与绝佳风味，常让我懒得再烧其他菜肴，直接配上一点白面条、白饭或好吃的法式棍子面包，很容易就吃到打饱嗝。如果只是闺中密友两三个，这样一餐大家也都好满足。

豪门家宴参考食谱

腌笃鲜

材料

- 百叶结 1 碗
- 金华火腿 1 截
- 带肉上好小排 1 斤
- 鸡腿 2 只
- 干贝些许（也可以不放）
- 冬菇 4 朵
- 高汤
- 葱姜适量
- 绍兴酒适量

做法

1. 火腿、小排、鸡腿分别汆烫备用。百叶结也先汆煮过，去除碱味。香菇、干贝泡软。
2. 砂锅加高汤八分满，冷锅就下金华火腿，汤滚转小火继续熬煮 2 小时。将火腿煮到熟烂。
3. 加入排骨、鸡腿、干贝、葱姜及适量绍兴酒，开中火煮 30 分钟。
4. 下百叶结，煮 10 分钟后关火。
5. 上桌时可以撒点葱丝点缀，或者在起锅前下 1 到 2 棵青江菜，增添一点绿意。

黄豆猪脚

润骨养颜唯我独尊

　　常喝鸡汤可以养颜,常吃猪脚可以让你皮光肉滑,精力旺盛。猪脚的胶质比鸡皮多,但要吃到猪脚的胶质,就得将猪脚慢慢炖成软中带Q的口感,将胶质充分煮软才好消化吸收。把猪脚加上黄豆一起焖卤其实是一道乡村菜,而且是进补的大菜,尤其是坐月子补奶水和体力的大餐。黄豆猪脚可以红烧也可以清炖,红烧的猪脚弹性十足香透入味,清炖的则吃得到好猪脚的浓浓肉香。煮猪脚别无诀窍,唯一讲究的就是一定要用温体黑毛猪,若是买得到以馊水喂养的黑毛猪就更棒了。

　　黄豆也就是大豆,是碧绿色的毛豆干燥后的成品,非常营养,蛋白质含量高达40%,因此有人称之为"绿色的乳牛"。江浙人喜欢毛豆入菜,也常用黄豆炖汤。不论煮鱼、煮排骨或猪脚汤,

都将黄豆煮得绵烂糯香。我家的黄豆猪脚是清炖的,黄豆颗粒饱满金光闪闪,很讨喜。

可是,现在市面上很多黄豆和黄豆制品都是基因改造黄豆。号称人类二次绿色革命的基因改造工程已经在地球实施十五年了,所谓的"基改作物"在美国的栽种总量与日俱增。据统计,大豆只剩下9%的非基改种植。基改农耕主要是为了增加作物在抗病与运送过程中的耐力,还有在生长期间对抗杂草的生命力。由于科学研究也显示基改食物可能具有毒性,会造成过敏反应,因此越来越多的消费者对这类食物感到不信任与排斥。比方说,为作物植入对抗抗生素的抗性基因后,作物被食用到人体肠胃道内以后是否会与肠胃内的细菌交换基因,导致肠胃细菌也具有抗生素抗性基因,影响人体健康。出于种种顾虑,我对挑选黄豆非常谨慎。它是最大宗的基改经济作物,要找到完全隔绝任何基改耕种环境的黄豆,越来越难。早年传统农耕方式生产的黄豆味道确实比较香浓,不光是煮猪脚、红烧鱼,做成豆腐、豆浆的滋味也真的比较够味。

其实猪脚脂肪含量不像肥肉那么高,但毕竟胆固醇较高。为了让身体消化胆固醇,肝脏合成胆固醇的时候减少一点负担,我们家的猪脚不会经过"走油",也就是过油的程序。照样,肉类下锅久煮前冲洗干净先汆烫，然后再以活水搓洗干净，这才入锅烹煮。这么"三温暖"做过"SPA"之后的猪脚既可以去除腥气，也可以逼除一部分的油脂。煮好的猪脚稍微放凉后，记得拿勺子将汤汁表面凝结出的一层白花花的猪油捞起丢弃，剩余的汤汁几乎都是胶质了。如果用去骨猪蹄髈肉来做，凝结成冻就成了蹄花冻。江浙人用花椒调味，东北人用五香佐味，都是过年团圆饭桌上的冬天应景美味。

　　做这道菜还有几个诀窍。第一，要用老姜。你可以不放葱，但不能省略姜。这道菜不适合放大蒜，免得抢去黄豆清新的香气。第二，黄豆要事先浸泡，这样不但可以缩短炖煮时间，也可以去除豆类为制造生长激素所形成的毒素。而且下锅前还要将黄豆先煮十分钟，充分去除可能有害人体健康的生长激素。至于选用前腿或者后腿看个人喜爱，爱吃瘦肉的人就买前腿，只爱吃筋与皮的人就用后腿，前腿肥厚，后腿精实，如人饮水。我们家人都喜欢抢后腿，因为口感特别Q。有时候请客，我会看场合和客人，说不定两种部分都做，各取所需，皆大欢喜。但是记得买的时候请猪贩帮忙先将前腿对剖开来，这样炖煮时间好控制，吃的时候也更方便。∎

黄豆猪脚

豪门家宴参考食谱

材料

- 猪后腿 2 只，请猪贩对剖开来后，将每只切成 4 小段
- 黄豆 300 克
- 西洋参 5 片
- 当归 2 大片
- 老姜 5 片
- 细海盐 2 大匙
- 绍兴酒或米酒 2 大匙
- 水适量

做法

1. 事先将黄豆漂洗干净，拣去脱落的豆皮和不良品。然后放入有盖子的保鲜盒内，加入凉开水盖满黄豆，放入冰箱内浸泡 1 天，然后取出来。另以汤锅煮水，水滚后放黄豆煮 10 分钟，捞起后去皮备用。

2. 猪脚洗净后，以滚水汆煮 5 分钟，捞起在水龙头下搓洗干净，沥干水分。

3. 将处理好的猪脚放入砂锅或厚实的不锈钢锅，放入黄豆、姜片、酒、西洋参及当归，最后加水淹满猪脚。

4. 开大火煮滚后，转小火炖煮 90 分钟，放入盐，搅拌均匀后，继续以小火煮 90 分钟。

附注：夏天也可以把新鲜莲藕切厚片，在放盐的时候一起加入炖煮，平衡一下黄豆猪脚的热性。如果你很忙碌，必须用快锅，建议你用快锅煮 20 分钟接近完工时，换到炉火上用中大火煮 10 分钟。这样可以让肉味更充分地释放到汤汁里，让整锅料理的风味更圆融，汤汁也更甜美。

豪门家宴

红烧黄鱼

蒋介石官邸年年有鱼

江浙人爱吃河鲜与海味,自然也就擅长烹调这类菜肴。一提到江浙菜,几乎不会错过黄鱼,举凡熏黄鱼、红烧黄鱼、大汤黄鱼不一而足。红烧是江浙菜常用到的烹调法,讲究用好的豆酿酱油加上冰糖焖煮,自然收汁煮到汤稠味浓,所谓的江浙味儿就呈现了。

红烧菜可说是江浙料理的招牌。红烧讲究火候,也就是花时间。能花得起时间,就代表有闲,能吃得起黄鱼,应该有点钱吧,特别是在台湾,黄鱼来自马祖,向来都不是便宜的杂鱼。蒋介石是宁波人,宁波是黄鱼产区,想来这道上海味的红烧黄鱼,或许不是滋味如何对他的胃口——因为宁波人口味重咸,讲究鲜咸合一,而上海红烧菜带甜。在菜系来说,宁波菜可说是口味比较重的一

派江浙菜，理论上有隔阂。所以我猜想，蒋介石是爱吃黄鱼使然吧。

红烧黄鱼其实是容易上手的菜，不容易失败。主要是要选对好酱油，但凡红烧的菜肴一定要用纯酿造的好酱油，才会甘醇香浓。有了好酱油，台湾本土产的大蒜还可以为这道菜加分。不要用外表白胖的进口大蒜，进口大蒜香气不足，烧出来的菜味道略逊一筹。此外，做菜的人都知道一句话——"千滚豆腐万滚鱼"，说的就是煮鱼的诀窍，滚煮出来的鱼入味深刻。倘若加上豆腐同锅，那豆腐吸饱了鱼肉的鲜味，吃起来有时候更胜鱼呢。

豪门家宴参考食谱

红烧黄鱼

材料

- 黄鱼1尾
- 辣椒1条
- 酱油3汤匙
- 酒1茶匙
- 葱2根
- 姜3大片
- 大蒜8粒
- 冰糖1汤匙

做法

1. 黄鱼两面抹上酱油，腌20分钟，下油锅煎成两面金黄。
2. 下葱、姜、蒜、酱油、酒等作料和水，煮滚后转小火熬15分钟，让汤汁收干即可。

油爆虾

甜鲜吮指乐无穷

香港歌手林忆莲是上海人,她在食谱故事《上海回味》一书中,这样描写小时候爱吃油爆虾的情景:"小小的河虾用葱、姜、酱油和糖爆香,颜色艳红诱人,吃起来连头带壳吞进肚子,鲜甜美味。一顿饭下来,家人早都吃饱离桌了,还剩下我在那边啃个不休……"画面十分生动,也把油爆虾的迷人滋味描述得非常贴切。

油爆虾的好滋味确实让人吮指回味,而且连壳都不放过。

以前的油爆虾可以用容易取得的河虾来做,河虾的壳比海虾软,个头小,快速酥炸即熟,整只连头带尾入口咀嚼,酥甜下肚也很好消化。如今河虾难求,要想做出类似口感的油爆虾,可以用沙虾。原则上,如果虾的个头较大,油炸的时间就要久些。还有,一定要用活虾,才能做出滑Q的虾肉口感。否则虾肉软趴趴的,

非但没有弹牙的快感,虾肉咬起来也不会汁多味美。或者用剑虾,身形圆紧的剑虾肉质扎实,个头较草虾小,也比肥大的草虾容易炸熟。

让油爆虾连壳都可以轻易下肚的关键,就是油炸——用大火快炸,将虾子的壳炸酥透后,才加入调味配料拌炒。上桌的油爆虾看起来油亮亮的,虾壳红彤彤的带点透明的感觉,闻起来香喷喷的,单单这样一道菜就可以让人多吃两碗饭。不吃饭的话,这也是一道很棒的下酒菜,搭配中国白酒、啤酒,甚至德国或阿尔萨斯滋味甘冽的白葡萄酒,非常对味。

如果不爱油炸也行,可以省略,直接腌泡香辛料后,下锅加上酱油与糖爆炒五分钟即可。不过,没有油炸的步骤,虾壳就不那么容易下肚了。

豪门家宴参考食谱

油爆虾

材料

- 鲜活剑虾或沙虾 1 斤
- 葵花籽油 2 碗
- 葱末 1 汤匙
- 姜末 1 汤匙
- 蒜末 1 汤匙
- 绍兴酒 1 汤匙
- 酱油 1 汤匙
- 白糖 1 汤匙

做法

1. 鲜虾洗净，剪掉尖头与长须、脚须，用餐巾拭干水分。
2. 在大碗中放入鲜虾与葱末、姜末、蒜末，拌匀，腌 10 分钟。
3. 起油锅，放入两碗油烧热，倒入腌泡的虾子，油炸 2 分钟起锅，将虾子沥油备用。
4. 用炸虾子的油锅将虾子回锅，加入酱油、白糖、绍兴酒，爆炒 2 分钟左右即可。

风鸡

地方风味妙不可言

风鸡算是江浙人吃的腊味,经过腌渍、阴干而成,肉质呈现火腿般的腊霉咸香。干燥后的风鸡口感绝佳,但不会柴硬碍口,配饭配粥或下酒都非常适合。台湾的气候潮湿,即使是冬天也难得有干冷的时节,所以我们改用鸡腿代替全鸡,缩短干燥时间以确保成品卫生无虞。

风鸡的做法有两种,先汆烫至半熟后腌渍,或者直接腌渍后再蒸——像我们家的做法就是这样。要做出成功的风鸡,将鸡洗净后必须充分拭干水渍,然后用腌料、高粱酒遍体搓揉后,用绳子绑好悬挂在离地至少两尺高,无日晒却通风的地方,慢慢等鸡肉干燥脱去水分,这一道工序需要一个月以上。如果你放在阳台上,记得用纱网套住,以防蚊虫亲近。或者,等鸡肉外层比较干燥后,用蜡纸包住，继续挂着完成剩余的风干步骤。

另有一个变通的做法是仿效客家人做咸猪肉的方法。将腌渍的鸡腿用保鲜膜包妥后，放入密封袋内，放在冰箱冷藏室最底层。但不能冰一个月，只能冰三五天就得取出蒸食，因为鸡肉并未充分脱水干燥，时间过久有腐败之虞。变通做出的风鸡尝起来味道也相当不错，但仍缺少正统风鸡的那一股发酵后隽永华丽的腊肉味。

将风干好的鸡腿分别一只只用保鲜膜包好再放入密封袋，贮放在冰箱的冷藏室内，可以如同腊肉保存很久。要吃的时候，拿一两只出来，隔水蒸20分钟，取出放凉后拆丝就可以上桌了。记得，拆丝时要粗丝不要细丝，细丝的口感没那么好。另外，做风鸡用的盐最好是传统日晒制成的海盐，譬如法国的海盐、韩国的土版盐等，千万不要用低钠盐、加味盐。而且，花椒和五香粉最好到熟识的中药铺买。好的中药铺会少量磨制五香粉，这样的制品比大量生产的工厂货品质好、气味佳。

豪门家宴
参考食谱

风鸡

材料

- 土鸡腿 6 只
- 花椒粒 3 大匙
- 细海盐 3 大匙
- 五香粉 1 大匙
- 高粱酒 2 大匙
- 粽绳

做法

1. 将鸡腿洗净后拭干水分，然后抹上高粱酒，静置 10 分钟。
2. 把花椒粒放入研磨钵内稍微碾碎；也可以放入密封袋内，用刀背敲碎。
3. 将花椒末先和海盐混合，再混入五香粉至均匀为止，就成了腌料。
4. 在鸡腿上遍抹腌料，一定要非常均匀地涂上一层。然后将鸡腿放入保鲜盒内，放入冰箱冷藏室最底层 3 天。
5. 取出鸡腿后，稍微剥除腌料，用粽绳绑在腿骨上，将鸡腿悬吊起来，挂在通风处，风干一个月。
6. 将风干好的鸡腿洗净，拭干水分，隔水蒸 20 分钟，放凉后拆丝即可上桌。
7. 剩余的风鸡用保鲜膜包妥，放进密封袋，贮存在冷藏室最底层。

附注：制作风鸡最好的时间就是农历腊月。不过如果你居住在南台湾，除了阿里山区，最好采用变通方式来做这道菜比较保险。

蛋饺

谁说我只是个火锅配料

蛋饺究竟是哪里的菜？这件事情我到现在也弄不清楚，可能是爱吃鸡蛋的扬州人做的家常菜。

上海人吃蛋饺不是下火锅吃，而是用鸡高汤煨煮着吃。而且蛋饺都是自己做的，它的鲜美，是市面上的冷冻蛋饺远远比不上的。我们家的蛋饺皮吃起来有鸡蛋香，肉馅有鲜美的汤汁，咬起来有弹性，因为食材全部是新鲜现做的！而且，这道菜因为金黄迷人，像是一碟可爱的小元宝，所以是过年过节餐桌上的常客。

这道菜非常费工，是真材实料的功夫菜。我想，一般人即使知道做法，恐怕也会却步。可是，每次有客人来家里吃到我自己做的蛋饺，大家在惊喜与讶异下给我的赞美，真是让我觉得好幸福。蛋饺很重要的是蛋皮不要破，这样才能紧紧裹住肉馅的鲜美

汤汁。所以，蛋液内要加入少许面粉与油，让蛋皮煎起来有点韧性。煎蛋皮的时候一定要用中华炒菜锅，这样蛋皮可以自然形成中央部分较厚而边缘较薄的理想状态，包裹肉馅时较不容易破。以前有人用小汤勺直接烤火来煎蛋皮，但是这样实在太累也太危险了。我都用炒菜锅，非常方便。

据我所知，蛋饺并不是只有江浙人吃，北方人也会这样做蛋饺，只是肉馅的材料有所不同。有趣的是，北方人吃蛋饺也未必放入火锅内，同样也是单独煮来吃。■

豪门家宴参考食谱

蛋饺

材料

- 梅花肉绞肉半斤
- 冬菇丁1碗
- 干贝丝半碗
- 葱末2汤匙
- 姜末2汤匙
- 葱丝少许
- 1颗鸡蛋的蛋清
- 面粉1汤匙
- 香油1茶匙
- 鸡蛋5颗，1颗蛋可做约5个蛋饺
- 鸡高汤适量

做法

1. 将蛋白放入绞肉打匀，依序加入冬菇丁、干贝丝与葱、姜末拌匀。

2. 将鸡蛋在大碗中打成蛋液，在蛋液中放入面粉，打蛋时请用筷子左右上下划动，不要把空气过度打进蛋液中，以免蛋皮变老。

3. 在中华炒菜锅中放入1汤匙油，油热后火转小，一次倒入1汤匙蛋液。一看蛋液凝结起来，就在蛋皮中央放上半汤匙绞肉，然后用锅铲将蛋皮对折包住肉馅，煎个30秒钟，翻面再煎30秒钟。每个蛋饺都分别照样做。

4. 把所有蛋饺都煎好，放入砂锅中加入鸡高汤，煮开后滚10分钟捞起盛盘，撒上葱丝。

十香菜

吉祥贵气 雅素

十香菜由十种蔬菜烹炒而成,是上海人除夕夜都要准备的雅致素菜,取其"实实在在,十全十美"的寓意。过年时做好一大盆,冰在冰箱里,要吃的时候拿出一些。都是高纤低脂的蔬菜,营养清爽又开胃。

这道菜做法说起来很容易,就是将每样菜统统细细切丝,然后个别分开炒熟,最后才混合起来,加上麻油与葱姜末拌匀。可是,奥妙也就是在这儿。蔬菜遇热后里面的营养素会转化,尤其水分蒸散后会使得口感更显得甜美。而且每一种蔬菜本身的香味与纤维的特质都不相同,分开炒熟更能突显个别的特色。最后拌合在一起,每一口都能吃到每一种蔬菜各自的美妙滋味,以及彼此混合后的美感,堪称精致素菜最高境界。

这道素菜其实南北都有，北京人也是过年必备的，名称没那么雅，就叫作"炒咸什"，种类也未必讲究要有十样蔬菜。南方人比较龟毛吧，取个高雅的名称叫"十香菜"，当中也一定是十种不同的蔬菜，而且有些人家的十香菜原料还不止十样。光是那切丝的功夫，就让这道素菜顿时华丽了起来，更别提之后分门别类的炒工有多费事了。也因此，有的书上记载的十香菜，写成"什香菜"。而我们上海人则取它的吉祥象征，也称之为"八宝菜"。

为什么不同的蔬菜要分开炒呢？

有个最大的原因是每种蔬菜的含水量不同，如果把一大堆不同的蔬菜一起下锅，煮相同时间所产生的生熟会不同，当然就会影响口感与滋味。同时，因为含水量不同，用的火候也就不同——水分越多的蔬菜，越要大火，用越短的时间快速炒干多余的水分，让蔬菜仍然维持爽脆口感。

虽说是素菜，但为了口味更好，所有素菜下锅炒之前最好先分别用少许油炒过。菜也有菜的腥味，余过可以去除菜的腥味，炒起来更能发挥各自的甜美。这道素菜坊间也都买得到吃得到，但是你又何尝吃过外边的十香菜香气够的？外边的十香菜充其量只是炒素什锦，真的埋没各家蔬食的美好气质了。还是自己学学，只要掌握窍门，保证成功，也保证吃得满口香喷喷。

十香菜的菜色各地不同,因为是过年过节求个好彩头的年菜,所以通常会放入各地特色菜。像扬州的十香菜就一定会加上水芹,取其"路路通"的好兆头;南京又一定有黄豆芽;还有地方还会放入酱瓜提味。我们家的配料就一定有豆皮、蚕豆、雪里红。不过,放了豆类容易腐败,要尽快吃完。

唐鲁孙曾写到北京的炒咸什做法是,将胡萝卜切丝炒半熟起锅,再炒黄豆芽起锅,然后把豆腐干、千张、金针、木耳、冬笋、冬菇、酱姜、腌芥菜切细丝下锅炒透,再放入胡萝卜丝、黄豆芽,加酱油、盐、糖、酒等调味料同炒起锅。

不管配方与做法有什么不同,十香菜要好吃,重点是要用淡色酱油,炒菜时油要用得适当,千万不可炒得油腻又把蔬菜都炒过头,变得软炉炉的。因为做起来费工,所以家里往往一做就是一大盆,冰在冰箱里留着慢慢吃。就算懒得做菜,光是吃这道凉菜,也兼顾了美味与营养。■

豪门家宴
参考食谱

十香菜

材料

- 冬菇
- 黄豆芽
- 红萝卜
- 木耳
- 金针
- 芹菜
- 冬笋或绿竹笋
- 豆皮
- 蚕豆
- 雪里红
- 盐、油、葱姜末
- 麻油

做法

1. 每样菜洗净切丝后，先以滚水稍微烫过。
2. 每样菜分别以适量的油单独炒熟，个别加盐、油、葱姜末调味。
3. 选个大器皿，将十样菜放一起，以麻油拌过，再放入冰箱。这是一道凉菜。（分量可视家人数量而定）

蒋介石茶叶蛋

冰花小元宝好吉祥

这也是蒋介石喜爱的一道小点。做这道小点有个很有意思的地方，就是最好有一双象牙筷子，因为力道够，筷子上端又有方型角度，可以将蛋壳敲出很细致均匀的冰裂纹路，让煮好的茶叶蛋剥开来有漂亮的网状冰花。

当然，不是一定要用象牙筷才能做出漂亮的茶叶蛋。你也可以用西餐餐刀的刀柄，因为金属的刀柄有一定重量，也好使力。不过，敲得太过头太密集并不好，敲出的裂纹太少则又影响美观与入味。过犹不及，做一道茶叶蛋仿佛在细细体会中庸之道。

这个堪称台湾最普及化的点心，你可知道它是江浙菜肴吗？而且，安徽与江西一带过年时要吃茶叶蛋，以茶叶蛋象征元宝，因此还用茶叶蛋当拜年的伴手礼。

茶叶蛋是中国的传统食物之一,既是餐点也是零食点心。它有个特色,就是久煮不老,蛋白嫩而蛋黄部分松软绵香。我家的茶叶蛋也是宾客小聚时客厅的常客,每年除夕前,茶叶蛋更是陪蛤蜊狮子头、红烧黄鱼等大菜进蒋介石官邸的随扈。吃过的人都认为,这道茶叶蛋真是香,光是用闻的就足以让人流口水。

大家都知道茶含有可提神醒脑的咖啡因,也含有单宁酸,能降低血脂。但是,这两年网站上普遍质疑起茶叶蛋的营养问题,说是茶叶含有生物碱,渗透到蛋里会与铁结合,造成对胃部的刺激,影响消化。原则上,只要不过量食用,这样的困扰应该可以避免。

做茶叶蛋要用红茶,红茶是发酵茶,少了茶多酚和单宁酸,也多了醇类、酯类等芳香物质。然而,太香的红茶却不适合做茶叶蛋。以前我试过多种红茶,后来发现,因为茶香不宜掩盖蛋香,而且加了酱油同煮的茶叶蛋,即使茶叶特别好,也根本尝不出茶汤的馥郁清香,更别提酱油的甘醇酱香。我个人认为,只要茶叶没有发霉、潮湿变质,茶叶也不太碎,都可以。如果手边没有罐装茶,用最容易取得的立顿黄牌茶包也差强人意。

八角在去年禽流感盛行的时候出了好一阵子风头,因为瑞士罗氏药厂生产的禽流感治疗剂"克流感",就是以香料八角萃取称为"莽草酸"的成分制成。八角也称为"大茴香""八月珠",

果实形状像星星，有八个角，吃起来有甜味，是中华料理常用的香料，尤其红烧与卤味都少不了它。

肉桂取自于肉桂树，树皮部分为桂皮，嫩枝为桂枝，都是干燥后使用。中医说它有发汗、杀菌作用，西方更有医学证实它可以在人体内发挥类似胰岛素的作用，调节血糖。这种香料几乎遍及全世界，是非常古老的香料植物。

坊间常见的茶叶蛋多半只用八角入味，或者用五香入味。五香最常见的是肉桂、八角、丁香、花椒与陈皮，但是并没有既定的配方，有时候配料也超过五样。有的还加入豆蔻、甘草，其中的差别在于偏重浓郁芳香味，或者偏重微辣微甜的口感，其实个人可以根据自己的喜好去选择搭配。

奚家茶叶蛋只取八角与肉桂，你不妨试试看滋味如何。八角是甜味的浓香，肉桂是微呛的浓香，看看两种不同气质的香料与茶叶会谱出什么样的美妙旋律。再则肉桂已经有微辣口感，胡椒与花椒似乎也就没有表现的空间了。

最后，要谈谈蛋。茶叶蛋最终还是吃蛋，冰得过久、不新鲜的蛋不要；又因为连壳下锅煮，所以如果可以请尽量用心选蛋。最好的蛋当然是土鸡蛋，或者可以买有机蛋。鸡蛋小巧，煮熟比鸭蛋软嫩，所以我们只用鸡蛋。至于鹅蛋、鸵鸟蛋、鹌鹑蛋等，有兴趣的人可以试试看。最后要提醒大家的是,茶叶蛋热吃冷食两相宜,但是不宜放入荤物同煮,容易生腥味与油气,坏了清雅的滋味。■

豪门家宴参考食谱

蒋介石茶叶蛋

材料

- 鸡蛋1斤
- 八角8粒
- 肉桂2片
- 冰糖1汤匙
- 酱油半碗
- 红茶1汤匙

做法

1. 以冷水煮蛋，水滚后煮约4分钟，捞起稍凉后，在蛋壳上敲出均匀裂纹。这时候的蛋黄并没有完全熟透，呈现溏心状态。

2. 另外在锅内放入所有香料与调味料，加入蛋，然后添水至淹没所有的蛋。

3. 直接冷锅慢火卤煮，至少要煮40分钟至1小时，看蛋的大小而定。最好是用电锅加温慢煮，让所有的食物慢慢熟化释放气味，达到融合一体的完美目标。电子炖锅也有同样功效。切忌用滚水大火煮开又转小火。

官邸私房菜

Chapter 2

趴鸭

独门绝活艳惊四座

　　江浙一带因为水陆交通通畅，商业活动发展得极早，因此比内地富庶。上海因为与海外贸易接轨得早，有着所有大都会的特色——多元文化荟萃，新旧交融。尤其在饮食上，上海更是结合中外的特色与食材，形成新派口味。作为上海菜的源头，苏菜、杭菜、无锡菜、常州菜等就维持着相对比较传统的风貌，特别是在做工上维持着旧时代那种"慢食"风格，靠细火慢炖成就好滋味。

　　趴鸭堪称老派江南菜的代表作之一。所谓的"趴鸭"不同于"扒鸭"，前者是将鸭慢火焖卤至骨肉酥糜，用筷一夹即散，入口即化；而后者则不论是卤煮或烘烤，要让肉质保留咀嚼口感，纤维犹维持一丝丝的状态。沪菜另有一道酱鸭也与趴鸭略有不同。酱鸭可用半只鸭或鸭腿，加上八角、花椒、桂皮、月桂叶、陈皮、

山楂等香料，以及冰糖调味。酱鸭讲究的是边卤煮边翻动，把酱汁煮至浓稠甜香，完全挂汁包覆鸭肉，卤好后放凉切块当冷盘食用。既然是卤煮，就是先将水煮开，然后下料与鸭调味。至于趴鸭则是先爆香鸭子和葱段，然后下料，调味，最后加入水煨煮。两者在做法上略有不同，滋味与口感也略有差异。不过，会做趴鸭后，就会做较容易料理的酱鸭了。

趴鸭是常州的名菜，几乎家家会做。将一大捆葱段豪迈地打成结，与花椒粒、酱油、冰糖与鸭同烧。酱汁没有那么浓稠，讲究的是将花椒香和葱味焖入到鸭肉里，细火焖卤两小时直到骨肉酥烂。因为是细火慢煮而成，因此虽然骨肉早已离散，但外形依旧保持着全鸭的完整，而且肉嫩多汁。煨煮酥糜的葱段其实吸收了大部分的汤汁与鸭肉精华，是内行人眼中的宝贝。趴鸭是一道热食大菜，全鸭入席，通体嫣红大方气派。简单来说，酱鸭比较像是头盘小菜，趴鸭可以当宴客料理。做趴鸭最费工的是将全鸭整只下锅与葱段一起爆香，把鸭肉全身稍微煎香后，才分别下花椒、酒、酱油、水，煮滚后，转小火继续煨煮至熟烂。

鸭是水禽，水禽的特色是骨架大，以便在体内撑出更大的空间容纳浮水和飞行所需要的空气。也因为如此，一大只鸭的肉量其实不如同样重量的一只鸡。如果一只鸡可以喂饱四个人，那么一只鸭大概只够三人食用。这是在宴客时要注意的事情。另外，吃鸭要看时间，重阳过后最肥美，清明开始进入下卵期，就不那么膘肥味美了。■

官邸私房菜
参考食谱

趴鸭

材料

- 白毛鸭1只，约2.5斤
- 酱油1杯
- 花椒粒1大匙
- 八角2粒
- 葱6根，每3根一捆打成结
- 绍兴酒1/3杯
- 冰糖1杯
- 色拉油3大匙
- 盐巴适量

做法

1. 鸭洗净后用热水再冲洗一遍，然后用纸巾拭干水分，以花椒、盐巴均匀抹遍鸭身，放一旁风干约10分钟。

2. 将鸭身上面的花椒粒剥除。在大炒锅内放入3大匙色拉油，烧热后，腹部先朝下煎5分钟，然后不断翻面继续再煎5分钟，让鸭身充分爆香。然后下葱段、八角，继续爆香1分钟，再依序淋入酱油、酒，然后加入水盖满鸭身。

3. 等水煮滚后，加锅盖，转小火，煨煮一个半小时后，开盖下冰糖，再煮半小时。

4. 上桌时，全鸭与葱段一起盛盘入席。

附注：刚开始做也可以用半鸭或1/4只来做尝试。不过，如果只用1/4只做，为了让肉质滑嫩，建议你用腿肉不要用胸肉。

红烧肉

经国先生与方良女士的私房菜

这道酱汁色泽晶莹诱人,风味隽永的佳肴,是佐饭下酒的好搭档,而这个做法简单的食谱是蒋经国先生与蒋方良女士传授给我婆婆的私房菜。几乎只要懂得选肉,还有买对好酱油与好的乌醋,即便是第一次尝试,成功率也是百分之百。做菜的基本要素其实说穿了只有一个,那就是材料好。不必繁复地调味,火候到了,自有美食上桌。所以不擅长下厨也不要却步,掌握这个原则,练习久了自然自成一家。

做这道菜最好用子排,其次才是五花肉。所谓的子排,是位于肋排与五花肉之间的部位,这里的肉排软中有滑Q劲道,最适合红烧。烧透的子排有滑嫩的肉质,有弹牙的筋膜,还有入味的骨头让人吮指回味,一口就能同享三者美妙的滋味,很容易让人

不小心多扒了两碗饭呢。

酱油是每个家庭里厨房必备的调味品，即使不下厨的人家，好像也都会贮备着酱油。看到酱油，如同见到想念的美味，总是能引人联想起中国菜的味道。不同方式酿造的酱油滋味不同，不同品牌的酱油也差别很大，不仅仅是价钱的分别，也未必是进口的更好。为了好好吃顿饭，选择好酱油是绝对值得的。好酱油煮了不会发酸味，有豆麦香，入口还有回甘，咸味适口有层次。会烧菜的人都会为自己挑选好酱油，如果你是不常下厨的人，记得只要选购标示100%纯豆麦酿造的，就比较不会错。当然，贵一点的，尤其价钱最贵的，也往往错不了。

至于另一个调味料乌醋，学问也不输给酱油。乌醋基本上是一种加了调味配料如葱、姜、蒜、小麦、大麦与黄豆一同酿造的醋。然而光是一种镇江醋，各厂牌酱园各有不同味道。原因就是，古代酿造调味品都是酱园的业务，每个酱园有自家的秘方，你爱谁家的味道就跟谁家买，久而久之，这些经过消费者用钞票评鉴过的特定味道，就各自形成代表性的品牌。别说乌醋差异大，就连白醋也是如此。

我习惯用的乌醋是工研乌醋或者绍兴醋，后者色如琥珀透明透明的，也是我们吃大闸蟹蘸食用的。红烧肉加了乌醋，烧好后丝毫没有醋酸味,反而入口有一股近似焦糖气息的果子香,很特殊。

红烧肉绝对不可用白醋烧,因为白醋烧完有酸味残留,却没有果子香,这样做出来的酱汁少了隽永的深度。至于酒,能用黄酒或绍兴酒最好。如果家里不常用到这样的酒,用现成的米酒或高粱酒取代也可以过关。不过,黄酒或绍兴酒做菜会有特殊的谷物香气,一般的米酒就少了这股香气。

做这道菜还有个窍门,就是猪肉不要冰过。猪肉不兴做牛肉所谓的"熟成"过程,猪肉要好吃,别无他法,新鲜而已。当然,有黑毛猪肉更好,没有也不至于差别过大。黑毛猪的肉质脂肪较多,不过子排肉本身也有丰富脂肪,所以即使买不到少有的黑毛猪,也不要放弃尝试这道菜。你想想看,一道红烧肉要烧一个钟头,又要趁热才好吃,这样的菜有可能在餐厅尝到吗?就算餐厅菜单上有,也一定是事先做好再回锅热给你的。想好好吃这道美食,非得自己做做看。

烧的时候切记用小火慢慢煨煮,因为水分的量相对于肉的比例来说并不多,如果火稍微大了点,很容易烧焦。为了让锅子温度维持够高,锅子的材质很重要。用砂锅或康宁锅这类较能维持高温的锅具,或者选用好的钢材锅具,也可以为这道红烧肉加分。小火煨煮了一个小时后,酱汁会自然呈现浓稠状,又因为里头放了糖，夹起肉块，上面自然挂着香喷喷的酱汁，肉又极为入味，光是想象就已经让人流口水了。

当年只要有这道菜在奚家家宴菜单上，都是我婆婆亲手掌厨，反倒是大师傅在一旁帮着。这当然不是大师傅做不来，而是婆婆十分重视上桌的成品，还有整个烹煮的步骤，希望全程尽善尽美，让宾主尽欢。每次烧这道菜，细细品味酱汁的奥妙美感，心里总忍不住想着生活简朴勤俭的经国先生，是从哪儿得来的灵感，用家常调味料创造了这般耐人寻味的佳肴？■

官邸私房菜
参考食谱

红烧肉

材料

小子排 1 斤
乌醋 1 汤匙
酒 2 汤匙
酱油 3 汤匙
冰糖或黄砂糖 4 汤匙
水 5 汤匙

做法

1. 小排洗净以滚水氽烫后沥干。
2. 将小排平铺放入小汤锅内，加上所有调味料——乌醋、酒、酱油、冰糖等，小火焖煮 1 小时，即可盛盘。

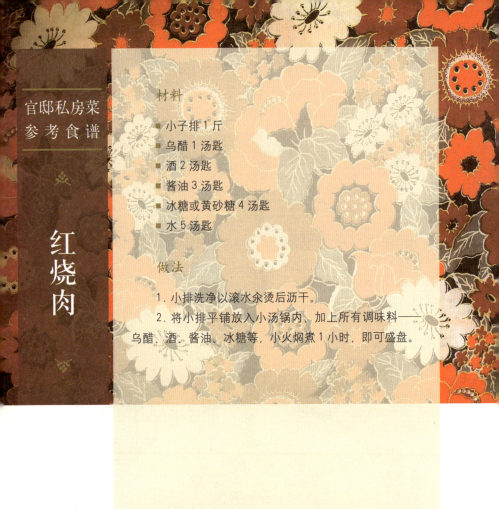

红烧蹄髈

嫣红凝脂消融于无形

红烧蹄髈听起来是个麻烦的菜,其实我们在家经常做。它的工序说起来不是那么麻烦,主要是必须有个闲人看着,偏偏时间对于现代人来说最奢侈难得。

为什么要有个人看着呢?

当然是因为蹄髈要好吃必须炖得酥烂,入口即化。蹄髈厚实,带皮带油,要把皮炖烂,也让脂肪消融于无形,时间是关键。时间既然不能省,那么一大锅的汤汁,总不可能从头炖到尾不会干掉吧?所以,必须有个专人隔个二三十分钟就来翻动或视情况添水。这样来来回回炖煮,油脂就会慢慢消融在汤水中,蹄髈里头的肥腻感也就消失无踪。久煮慢炖的皮肉,自然也就达到了入口即化的完美境界。

我前面说过上海菜是不用芡的，红烧蹄髈烧到最后可以关火时，大概汤汁也已经呈现自然美妙的浓稠度了，所有调味料与蹄髈的精华也都浓缩起来。用这个浓香的汤汁拌面配饭，不吃肉都觉得好满足。

买蹄髈要选前腿靠胸的部位，如果有黑毛猪的更好。我做肴肉也尽量选用黑毛猪的前蹄肉，虽然脂肪含量比白毛猪高一些，但是肉有肉香，皮也更紧实有弹性，整体品质就是不一样。

坊间餐馆做蹄髈大菜，有时候会先油炸，目的是走油，也就是去油腻。我们家的这个做法相较之下更为简便，只汆烫不油炸。因为我向来不爱油炸的东西，能不炸就不炸，反而风味一样好。皮也因为未经油炸，油亮亮光滑滑的。有些餐馆还会上色，用红麴染成偏红的色泽。但是红麴本身带有另一种酒香气，我觉得会跟绍兴酒相冲突。况且，酱油与冰糖的上色效果也很自然健康。

买回蹄髈后将皮毛处理干净，不要残留毛囊残茬，影响口感与视觉。爱做菜的人有个好处，因为常买菜可以跟小贩广结善缘，也往往变成好朋友，买多买久了就多多少少有点小特权，不用盼咐，对方也因为了解我的要求，能够很主动地帮我留意一些细节。只要知道我需要什么部位，他们就能很快猜到我要做哪道菜。

这道红烧蹄髈用的调味料也非常简单，基本的葱姜、酱油、

酒与糖而已。江浙一带的料理其实用香料的比例并不高，用的话也是少少一两样而已，这道菜我们家只放八角与花椒两样。

早年大家经济情况都比现在差，即使大户人家，也难免在年节欢乐的时刻来一些大鱼大肉热闹热闹。红烧蹄髈以前在我家也是个红牌大菜，因为圆滚滚的像个大元宝，过年时于是有人称它为"大元蹄"，感觉有财源滚滚的丰盛气氛。炖煮老半天，这个蹄髈虽然看起来还大得吓人，但其实轻轻用汤匙或筷子一划，它就散开了，咀嚼起来绝对不费力，所以上了年纪的人尤其爱它。但还是有人怕油、怕高胆固醇，那你可以试试看在煮的时候，加入一大碗红茶茶汤，茶汤真的可以去油。不过要注意，煮茶叶蛋的红茶要茶香，煮蹄髈倒不用突显茶香，太香的话反而不好。

还有一个诀窍提醒大家，红烧蹄髈最好用当天现买的温体猪肉来做。冰冻后又解冻的蹄髈肉会出水，肉质原本的水分散失了当然容易影响风味。另外，要把汤汁煮到浓稠，火候很重要。小火要能让汤汁随时保持冒泡泡的状态包覆着整个蹄髈，才能把脂肪与水分充分融合为一体，形成乳化的浓汁。

红烧蹄髈

官邸私房菜参考食谱

材料

- 蹄髈1只
- 葱姜各1汤匙
- 酱油1/2碗
- 绍兴酒1/2碗
- 冰糖1/4碗
- 八角5枚
- 花椒1/2汤匙

做法

1. 将蹄髈清除毛茬,用沸水氽烫5分钟,沥干水分。
2. 八角、花椒装入小棉布袋内扎紧,做成香料包。
3. 用大型中华炒菜锅或砂锅,放入蹄髈。除了冰糖,加入所有调味料、香料包。加水盖满蹄髈,煮滚后转小火焖炖一个半小时。
4. 焖炖期间要随时注意水分,要让汤汁一直淹没蹄髈。直到时间将近,加冰糖转小火慢滚,烧至蹄髈软趴下来即可。这时候的蹄髈外表油亮,皮非常光滑。

八宝辣酱

边边角角食物大变身

这可能是变身最多的一道上海菜,而且"川菜"的嫌疑很大。据说它的起源是上海早年的小吃摊常有的小菜"炒辣酱",因为广受欢迎,所以大餐馆群起仿效。餐馆师傅为它改头换面,有的在配料里耍花招,有的讲究表面做文章。于是,今日所见的八宝辣酱没有定型配料。多数大馆子还在上桌前添加清炒虾仁,改名叫"八宝",添了贵气,当然也抬高了身价。

依据我们家里的做法,八宝辣酱是用黄酱去炒,也就是豆瓣酱,不是用甜面酱或一般面酱。豆瓣酱是用黄豆与蚕豆做的,甜面酱或面酱是将面发酵长毛做成的。甜面酱或面酱是北方菜用的,上海菜通常不嗜辣,也几乎不用豆瓣酱。用了辣豆瓣酱的八宝辣酱,基本上也不像上海固有口味。我强烈怀疑,这道菜大概是四川客带来的。

坊间餐厅的八宝辣酱内容变化万千，除了虾仁，通常还有猪肉丁、豆干丁、鸡胗、鸡肝、笋丁，也有的还加了开阳、花生、猪肚。至于是不是一定要有八样，这倒是没有限制，要更多也成，少几样也无所谓。但有人放海参、鱿鱼、鱼皮、香菇等，可是这样一来，其实成了另一道菜"全家福"的亲戚。

我们家的八宝辣酱比较不爱放的东西是毛豆。辣酱可以久放，是耐吃的小菜，但放了毛豆后容易变坏不易存放。还有，绝对不放的配料有花生、开阳、香菇，主要是因为口感不搭，过多浓烈味道放在一起，也容易互相抢功。

所以，我们家的八宝辣酱非常单纯，主要的特殊酱味仰赖鸡肝，鲜味依靠鲜笋——前者口感软，炒热容易碎融，会混入酱内，让酱产生特别的滋味；后者口感甜脆，炒后仍旧多汁。两者对比相当鲜明，堪称八宝辣酱的两大精神指标。

八宝辣酱的起源，我认为八成是来自于拜拜或大宴宾客之后多出来的一些食材，为了节俭之故，重新调味炒得香喷喷的。而小吃摊上供应这样的菜，也八成是为了消耗多余的边边角角食材，物尽其用也。我在家里炒八宝辣酱，有时候也如此。做菜总不会将买回来的食材用得刚刚好，将多余的东西集合起来变成可口菜色，真是太棒了。■

官邸私房菜参考食谱

八宝辣酱

材料

- 猪里脊4两
- 鸡肝2副
- 鸡胗2副
- 熟笋丁1/2碗
- 豆干丁1/2碗
- 姜末1茶匙
- 辣豆瓣酱1/2碗
- 酒适量
- 糖2汤匙
- 酱油1汤匙
- 水2碗

做法

1. 将食材都切成丁,肉丁、鸡胗丁、鸡肝丁各自拌一点酒、用姜末腌过。豆干丁汆烫。

2. 起油锅,油热后转中小火炒香辣豆瓣酱,再转中大火下鸡肝丁,炒半熟时加入肉丁,肉丁半熟再加入鸡胗。这些荤食炒透后,下豆干炒,接着下笋丁炒。

3. 等锅内食材都炒得差不多,放糖、水,小火焖煮7～8分钟,至汤汁略收干即可。

附注:炒鸡肝丁时小心拌炒,免得弄煳了。还有,豆瓣酱一定要爆炒,除了炒出香气,也炒出亮丽的色泽。

清蒸臭豆腐

肥嫩多汁满室香

　　臭豆腐曾是周恩来总理钦点的国宴菜，也曾是鲁迅难忘的佳肴。爱的人说它香，受不了的对它敬而远之。但不可否认的是，臭豆腐是华人社会最普遍的吃食，也是最闻名中外的中华美食之一。怪的是，这玩意儿，闻起来不臭，吃起来就不香！

　　所谓臭豆腐，泛指两种产品：臭豆腐干和臭豆腐乳。两者的发酵方式不同，吃起来口感也很不一样。臭豆腐乳软绵，臭豆腐干望文生义就是咀嚼之间要保留口感咬劲。臭豆腐大概可以称得上是中华民族的国粹美食。虽然它遍及世界各地，有华人的地方都可以见到它，但是其制作方式和食用方式都大相径庭。若要说最出名的臭豆腐，一个是湖南长沙的，一个就是浙江绍兴的。毛泽东、朱镕基等曾经光顾过的长沙火宫殿臭豆腐，那是用黄豆制作的豆腐，浸泡在纯碱、青矾、香菇、冬笋、盐、茅台酒、浏阳豆豉混合成的卤水中。等到豆腐表面长出白色霉菌，看起来像长白毛那样，闻起来臭气扑鼻。吃的时候用油慢炸，炸到外皮变黑，豆腐膨胀就可以了。

绍兴臭豆腐用板豆腐切成两厘米见方的小方块，放进霉苋菜梗调制的卤水中浸泡，夏天要泡六个小时，冬季两天就可以。要吃的时候用水洗净，小火油炸至外皮金黄即可。至于一般上海式的卤水，是采用老金花菜、老竹笋头、野苋菜梗、生姜、胡椒、花椒等制成的。还有的是用腌咸菜的卤水，加上鲜鱼虾来发酵，还放入冬笋、香菇和白酒。

臭豆腐的鲜味是因为豆类发酵繁殖出一种霉菌，它会分解蛋白质，产生丰富的氨基酸，而氨基酸就是鲜美味道的来源。之所以有臭味，是因为蛋白质分解时，所产生的大量盐基氮、硫化氢等气体，除了有特殊臭味，也有很强的挥发性。

虽然有人认为臭豆腐毕竟是发霉的食品，对健康有害，但有的食品科学家认为，它在制作过程中能合成大量维生素 B_{12}，可预防大脑老化。不过，专家也建议，如果嗜吃臭豆腐，为了避免体内产生亚硝胺，就得多多补充新鲜蔬果的维生素C。

至于豆腐，本身就是相当营养的食物，有高量的植物性雌激

素异黄酮素，蛋白质含量丰富可比鱼肉，但热量却很低，又不含胆固醇。同时，用来点豆腐的盐卤或石膏，又让豆腐含有钙质。但臭豆腐毕竟是腌渍食品，为健康着想，购买时一定要向有商誉的店家采买，小心不要买到黑心臭豆腐。现在的臭豆腐多数是由蔬果腌渍的卤水泡制，不像从前有的是以荤食腌泡比较容易腐败。

　　臭豆腐要做得成功，首要条件就是买到好的臭豆腐。要注意，用来油炸的臭豆腐质地要坚实，清蒸的就要选用肥嫩的。好的臭豆腐蒸透后内部有均匀的孔洞，类似蜂窝组织，能够吸饱调味料的汤汁与滋味，一口咬下有汤汁肥美的感觉，非常过瘾。有的臭豆腐发酵不良或者发酵过头，豆腐的质地变得过度软炕炕，软中又松垮垮的，内部也缺乏蜂窝组织，这样的臭豆腐不论蒸煮油炸都不会好吃。至于用什么样的卤水腌泡而成，未必是影响臭豆腐质地的原因，重点是要找到合你口味的产品。

　　还有一个诀窍就是，蒸煮的时间要久，用中小火，不要开大火。要让豆腐与佐料慢慢加温，彼此融合在一起，这样的味道才会妙不可言。

官邸私房菜
参考食谱

清蒸臭豆腐

材料

- 臭豆腐 10 块
- 虾米 2 两
- 辣椒 5 条（不吃辣可以省略）
- 姜 5 片
- 毛豆 1/2 碗
- 高汤
- 火腿末些许

做法

1. 毛豆先用水煮 5 分钟，捞起备用；虾米发泡软化后剁碎；辣椒去籽切细丝。
2. 取深锅，把臭豆腐平放好，其他材料平均铺在豆腐上。
3. 加入高汤、火腿末。
4. 盖锅，中小火隔水蒸 2 小时。
5. 开锅前 5 分钟，将毛豆放入，焖煮一下即可盛盘。

金勾白玉

鲜笋有味四季飘香

  我喜欢吃笋子，尤其是过年吃冬笋，夏天吃绿竹笋。这两种鲜笋都有鲜甜的特质，纤维也细致，氽煮好切成冷盘吃就非常有味道，又是高纤低卡的健康食物，所以我的餐桌上几乎四季有笋。笋子有大量纤维，而且不需要施用农药种植，算是健康食物。

  上海菜爱用笋，除了鲜笋还讲究吃天目山的扁尖笋。干燥腌渍的扁尖笋用来入菜，尤其是炖鸡汤，与火腿形成绝妙滋味，是其他食材难以取代的。台湾还有一种桂竹笋，与扁尖笋同为长柱状，体积更大，竹箨颜色为深褐色，带着大小斑点，是用来做油焖笋的好东西。它耐久煮也不怕回锅，甚至愈煮愈入味。笋农说，桂竹笋要好吃就要赶上头一批，其实所有的笋都一样，都要吃头一批。

冬笋，我们上海人也称之为毛笋，它的正式名称是"孟宗笋"。因为竹箨上有细细的绒毛，所以民间简称为毛笋。冬笋的口感脆爽，过年前的冬笋有特殊香气，如果是到了接近清明的时候，就不再有这种香气，而且甜度也锐减到几乎没有。所以吃笋是件有趣的事，要把握时节。尤其台湾的四季变化不那么明显，用物产去感受大地在季节上的转移，冬天吃冬笋，夏季尝绿竹笋，有一种跟大自然互动的温馨感觉。

绿竹笋也是我所爱的笋子。它很娇贵，当日鲜采就得速速下锅，连着竹箨氽煮至熟，放凉后切片，任何沙拉酱、调味酱都不用，单纯品尝笋子的天然甜美，是夏季消暑非常享受的佳肴。可是，绿竹笋不能重复煮，久煮会使它丧失甜味。

由于爱笋，我在家请客时，几乎一年到头，都会有这道可以吃冬笋也能吃出绿竹笋美味的"金勾白玉"。我常说它是山珍海味真的不为过——山珍是宝贝的笋，海味是海米。用鸡高汤把这些食物统统煨煮在一起，彼此有彼此的滋味，既可以吃到笋的甜，海米的鲜，还有酸菜酸酸咸咸的味道。浅尝一口汤汁，一切尽在不言中。

这道山珍海味还有一个配角是台湾客家酸菜，它除了负责贡献腌渍物的隽永酸味，也负责贡献海米以外的另一种咸味。所以，做这道菜，其实不需要另外调味。如果你吃得清淡，光是仰赖海米与酸菜，味道也已经足够。客家酸菜我们通常称为"咸菜"，是芥菜的腌制品，不只在台湾有，广东、四川、江西等地区都有，川菜与苗家菜都有"酸菜煮鱼"这样的菜肴。中国华北与德国、法国也都有酸菜，却是用大白菜、甘蓝菜制成的。做我家这道金勾白玉，则要以客家酸菜最合适，而且挑选叶梗部分，做好冰透就是吃它的爽脆口感。

酸菜烹煮一定要洗净后，先下滚水锅汆煮一下，起锅再洗净，才能入菜，以免腌渍的剩余物质残留。买酸菜要先辨识味道咸淡，每一家的腌泡调味有差异，先试试味道作为基准，在分量上的拿捏会更精确。酸菜的好坏品质差异也很大，好吃的酸菜应该是酸甘甜滋味兼具，也不应该过咸。

这是一道便利的请客菜，而且可以趁着鲜笋盛产一次多做些，做好冰在冰箱里，随时拿出来直接吃，开胃又下饭。端上桌，既讨好宾客，又节省主人待在厨房忙碌的时间。放在漂亮的瓷盘里，卖相还很好呢。这道菜的汤汁因为是用鸡高汤做成的，冰过后用来凉拌面条，美味又非常开胃。如果你真的临时无法熬炖鸡高汤，也可以用罐头鸡汤替代——当然品质会有差异，不过毕竟是便捷的变通之道，试试看也无妨。但要留意罐头高汤通常都已经放入盐分，要小心控制调味。■

官邸私房菜
参考食谱

金勾白玉

材料

- 客家酸菜梗1棵
- 虾米2汤匙
- 鲜笋1斤
- 姜片适量
- 鸡高汤3碗
- 水500毫升

做法

1. 鲜笋去壳，削去粗边老皮，切成适口大小块状。
2. 虾米泡软沥干水分备用。
3. 把客家酸菜梗拨散，将叶片用水一一冲洗干净，泡水5分钟，然后切成适口大小。
4. 汤锅内将500毫升水煮开，放入酸菜梗煮滚后转小火滚5分钟。然后起锅，沥干水分备用。
5. 在汤锅内放入鸡高汤，继加入笋块、虾米、姜片与酸菜梗，中火煮开后转中小火续煮20分钟。
6. 连锅放凉，整锅带汤汁放入冰箱冷藏，3小时后即可上桌。上桌时，可以连着汤汁盛入碗中，也可以只捞出食材摆在盘内。

熏鱼

非关乎烟熏

这道熏鱼跟北方的熏鱼毫不相同,完全没有经过烟熏的程序,而且跟后面要介绍的烟熏黄鱼也大不相同。

这种熏鱼是苏式熏鱼,制作步骤包括腌、炸、泡三个过程,与烟熏毫不相干,也没有在酱汁里头煮过,是个非常特别的烹调手法。鱼肉是容易熟的食材,先以腌渍入味,接着用油炸迅速烹熟,再趁热腾腾的瞬间泡入准备好的酱汁内,一点点着色增香。类似的方法也可以用来处理猪大排,不过大排炸时最时要跟酱汁一起煮一下,肉质才会更入味。上海菜少用海鱼,最常见的黄鱼、马头鱼都算高档货,因为产季有限,产量也有限。靠河的苏州,家常最受欢迎的就是淡水鱼中容易生长,大又肥的草鱼,这道熏鱼用的就是人人吃得起的草鱼。也有人说可以用鲤鱼,但我们家是从来不用的。

有时候宴客为了增加华贵感,我会改用鲳鱼或者是高档的龙鳕。只是有些人认为龙鳕要吃原味,做了熏鱼有一点点可惜。如果有这个顾虑,不妨将香料与糖减量,让龙鳕本身的滋味突显出来就可以了。

买草鱼要挑备有活水池蓄养的商户,淡水鱼容易有大量微生物、寄生虫滋生,所以鲜活生猛很重要。另外,草鱼要挑靠近头部下方的部位。如果有现成切片的草鱼可挑,就挑这个部分最好,因为这个区段的鱼肉最肥,油炸后鱼肉还是很嫩。熏鱼是一道凉菜,可以一次多做些放冰箱里。它的滋味香甜下饭,也算是个方便的懒人菜。

熏鱼的主要香味来自香料。香料要好一定要去中药铺买,尤其八角与花椒,千万不要买超市里头罐装或者塑胶袋小包装的,风味差很多。苏式熏鱼外观浓油赤酱,其实不要被它骗了,它的口味一点也不腻,反倒清香爽口。

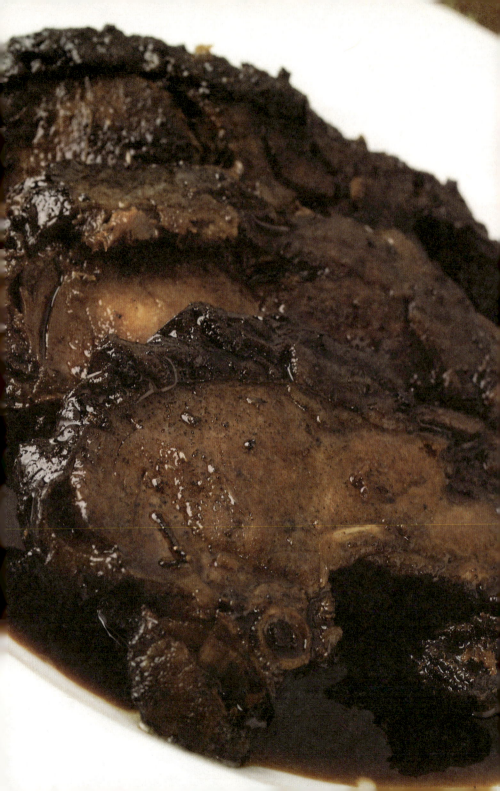

官邸私房菜参考食谱

熏鱼

材料

- 草鱼肚 2 大块
- 八角 2 颗
- 花椒 1 小匙
- 辣椒 1 大匙（不吃辣可省略）
- 冰糖 1 大匙
- 酱油 1/2 瓶
- 米酒或绍兴酒 1/2 碗
- 姜末 1 汤匙
- 葱末 1 汤匙

做法

1. 将配料（八角、花椒、辣椒、冰糖、酱油、酒、姜葱末）放入小锅，小火熬煮 20 分钟。
2. 草鱼横切块 2 厘米厚，拭干水分。
3. 起油锅先以中火炸鱼，7～8 分钟，捞起后转大火，再将鱼块全数放入快炸 3 分钟至金黄色，捞起。
4. 趁热将炸好的鱼块用筷子夹起，一一浸入配料，炸好的鱼块会发出嗞嗞响声。再放入盘中，凉透后即可食用。未吃完的可以放入保鲜盒中密封，存放在冰箱里。

附注：千万不可将炸鱼块全部泡入酱汁内贮放，这样鱼块会湿烂，欠缺有劲道的口感。

烤麸

看似平凡的功夫菜

上海与整个江浙区域不产小麦，可是这个地区的人们却爱吃用面粉加工成的烤麸。而且，这烤麸还是江浙馆与上海馆出名的菜。

烤麸是面筋发酵膨胀，形成膨松多孔的蜂窝状组织，再经过蒸煮的产品。因为烤麸容易变质，所以买来的烤麸通常是冷冻的。做菜时先将其解冻后，还得拧干水分，用热油炸过，否则口感不够紧实有弹性，也不香。然而，现在的人都怕油腻，也怕热量高，那么也可以免了这道油炸的程序——为了追求健康稍微牺牲一下嘴巴的享受，也是好事。

炸烤麸很需要点技巧，烤麸水分要够干，油也要热，可是火不要大。要炸到烤麸酥脆发硬，接着起锅沥干油分，凉了后用手一个一个挤掉多余的油，免得吃起来一嘴腻。

油炸与否不坚持，但是烤麸要好吃，配料可是不能将就的。我们家的烤麸配料很讲究，香菇要好，最好用日本椴木栽培的大冬菇，因为有口感又香气十足；木耳用薄脆的川耳，万一没有，也用当日新鲜的台湾大黑木耳，吃起来才不会烂烂糊糊的。如果要发泡干木耳，也自己动手，好掌握发泡的软度与时间。

配料中的笋，不用说，要用鲜笋，有冬笋用冬笋，有绿竹笋用绿竹笋。同样地，将当日鲜笋剥壳切块下锅，不用煮过的或者腌渍的、真空包的。新鲜的食材才能贡献甜美的滋味给烤麸，你想想看，如果配料不新鲜或是将就着用，你吃进肚子里会好吗？我们通常在烤麸里加入相当多的木耳，一方面是因为我们觉得木耳好吃，高纤低脂，又没有香菇那么高的尿酸，比较健康；同时，木耳富含胶质，可以美容，还可以活血、润燥，据说有预防高血压、血栓的作用。据说，木耳的蛋白质含量是牛奶的六倍，所以吃素的人称它为"素中之荤"。

另外一个我们会放的配料是干贝，因为在家宴客，总想为家常小菜增加一点与众不同的身价。将发好的干贝拆开成丝，与烤麸等食物一同焖煮，可以增添海味干货的独特鲜味。如果要吃纯素，不放干贝也可以。

至于冬菇，非常重要。我们家上桌的宴客烤麸，冬菇都是一

大朵一大朵摆盘，一方面是气派，另一方面是为了整朵冬菇更能够吃到汁多味美的口感，很过瘾的。做烤麸只能用冬菇干货，新鲜香菇缺乏香气，口感偏软，又不耐焖煮。

有人会放金针，因为台湾地区金针品质好。但我建议金针要先汆烫，然后打个单结，这样煮好后口感会比较脆。也有人会放毛豆，这个我们倒是不放，因为烤麸与雪菜、百叶常常同时出现在我们待客的餐桌上，要避免重复的食材。在家做菜就是有这点好处，可以作出最佳搭配，有弹性。如果是上馆子吃饭，往往很难避免这类情况。

官邸私房菜
参考食谱

烤麸

材料

- 烤麸 1 斤
- 冬菇 10 朵
- 鲜笋 3 支
- 木耳 1 碗
- 酱油 4 汤匙
- 糖 3 汤匙
- 香油少许
- 绍兴酒 2 茶匙
- 葵花籽油 4 碗

做法

1. 将烤麸洗净拧去水分,用纸巾拭干。也可以不洗,用干净纱布沾热水擦干。

2. 起油锅热油,用中火将烤麸炸酥后捞起,放凉后,用手或者纸巾挤去油分。

3. 鲜笋去壳切片,木耳切成适口大小,冬菇泡软后去蒂头。

4. 另起油锅,依序爆炒冬菇、木耳、笋片,下烤麸同炒,然后加入酱油、糖、酒,炒匀后加入水淹没食材,转中火加盖焖煮约 20 分钟,换成大火收汤汁,然后滴上少许香油拌匀即可。

卤牛腱

简单是最大的学问

菜肴好不好吃，材料的好坏绝对有直接的影响力。材料要新鲜，菜肴才会有味。上海菜在许多人心目中是浓郁也耐人寻味的，不过，绝对不是靠着五花八门的调味料来撑场面的味道。即使是卤牛腱，也不会用上五六七八种的香料。不要以为简单就会乏味，我自从开始做菜以来，深刻体会到简单其实才是最大的学问。要懂得简单的妙用，做出来的菜肴必然深具魅力。"数大便是美"这样的哲学，似乎在烹饪上是行不通的。

制卤牛腱耗时，一次多做几个不但省事，也能让卤汤味道更好。这种时候，我就必须称赞住在台湾真好，物资富庶，买菜非常便利。即使没有事先预订，心血来潮时，也能随时跟牛肉贩买到东西。根据《随园食单》的说法，袁枚当年想买个好牛肉，要先到肉铺

子下订金,好让肉贩先去批足够的肉。但是,若想要买到上好的牛腱心,我就建议大家最好事先跟肉贩吩咐。

牛腱心是前大腿肉的腱子,小小一块精华地带,横切面有漂亮均匀的牡丹花形筋纹,切开的肉片圆圆的,古人称之为"金钱盏",很讨喜。万一买不到这块肉,我觉得也无所谓。但我却相当坚持用台湾黄牛,因为炖煮后有进口牛没有的肉香,也没有外国牛的腥膻气。既然材料是决定菜肴的关键,要想买到好的牛腱心,绝对是平日就要烧香跟肉贩套交情的。

台湾黄牛毕竟量少,那么就退而求其次用新西兰牛——吃牧草的牛符合牛的饮食天性,生长出来的肌肉纤维是正常的。美国牛是吃玉米的,肌肉纤维短,咀嚼起来当然比较软嫩,但我总觉得不是那么适合拿来卤炖。我们家的这道卤牛腱,切片完整不散,吃来还需要保留一些咀嚼的弹性,牛筋纹路咬起来爽脆有弹性,卤太烂就变成缺点了。

在下锅前,先将腱子头尾的硬筋切除,然后细细剔除腱子外层的筋膜,要剔除干净。牛腱卤好之后,要凉透才能下刀切片,否则肉片切出来会不光滑美观。卤牛腱做好后,可以整个用保鲜膜紧紧包裹起来,冷藏在冰箱内慢慢吃。因此在大过年期间,这是家里必备的凉菜之一,在以前也是送礼馈赠挺受欢迎的礼品。■

官邸私房菜参考食谱

卤牛腱

材料

- 牛腱子心 2 块
- 酱油 7 汤匙
- 冰糖 2 汤匙
- 辣椒 2 条（也可以不加）
- 花椒 1 汤匙
- 肉桂棒 2 根
- 绍兴酒 2 汤匙
- 葱姜末各 2 汤匙
- 香菜少许

做法

1. 将处理好去除筋膜的牛腱放入大锅内，加水淹过牛腱两倍高度，再加酱油、冰糖、葱姜末、酒、辣椒、花椒、肉桂棒。
2. 水开后转中火焖煮 40 分钟到 1 小时。
3. 将牛腱捞起放凉后，切片，撒上香菜即可上桌。

蛤蜊银芽

养颜滋补鲜上鲜

有时候做这道菜,是因为宴客后有多余的食材,例如火腿、蛤蜊,只要加上少许的银芽快炒一下就是一道美味蔬食,做起来很方便。久而久之,家里请客时,我常常就会多买十块钱的绿豆芽,随时就能多一道好菜上桌。

豆芽菜别名如意菜。中医书上说绿豆芽性凉味甘,能清暑热,美肌肤;西方医学说,绿豆芽含蛋白质、多种维生素,发芽过程中还能产生丰富的维生素C,是热量极低的好蔬菜。蛤蜊含丰富的核酸与矿物质,是增加活力的好食物,味道无比鲜美,在这道菜肴中与火腿同样算是高级调味料。它的用量不必非常多,也不必非要肥大的野生蛤,反而中小型蛤蜊比较嫩而好吃。买蛤蜊要挑外壳颜色深的,而且敲一敲外壳,声音必须是结实的才好。

我们家炒的蛤蜊银芽有个特色，就是用土鸡炼的油。

土鸡油是取自老母鸡屁股内侧的那一团脂肪，搜集起来放入干锅内慢火炒出油水，去除油渣后，用干净玻璃瓶子收起来冰着。因为家里常常炖老母鸡汤，因此鸡油也就不曾中断。鸡油比猪油细致，也比普通的蔬菜油多了一份香气。因为对一般人家来说，有点得来不易，所以我还常常做了好送朋友。用它来拌面炒菜十分可口，还能将清水变成鸡汤。也因此，我做菜从来不用高汤块、香菇精、鸡粉之类的东西。

上海菜的料理酒几乎都是绍兴酒，它是没有经过蒸馏的酒，原料是糯米，色泽金黄，有股甜甜的芳香味，尝起来微酸，我们一般都称它为"绍酒"。这种原产于浙江省绍兴市的饮用酒，据说早在春秋时期就开始酿造了，历史悠久。

同样的菜色，我也试过用日本清酒、台湾地区米酒，甚至法国不甜的白葡萄酒烹饪的，各有风格。用了绍兴酒，菜品就会有一种上海菜的风味，这是很有意思的地方。也可以将金华火腿改为意大利风干火腿，搭配白葡萄酒去炒，上桌时加一点西洋香菜——一点点就好，不要多——用来招待外国客人，他们会觉得很有亲切感。

用日本清酒来炒，可以把火腿丝改用明太子取代。明太子微辣，因此红辣椒可以省略不放，炒出来又是另外一种风情。如果是用明太子，那就不必先下锅爆炒，可以将其余食材炒好了，起锅前才加进去拌匀。豆芽的余温足以让明太子呈现半熟状态，口感也会出现鞭炮般的特效。

官邸私房菜参考食谱

蛤蜊银芽

材料

- 绿豆芽适量
- 红辣椒1条
- 火腿丝1汤匙
- 蛤蜊1/2斤
- 糖少许
- 鸡油1汤匙
- 绍兴酒少许
- 水1碗

做法

1. 绿豆芽掐去头尾，洗净后用滚水快速烫过。火腿丝滚水烫过备用。红辣椒去籽切丝。

2. 汤锅中放入1碗水，煮滚后放入蛤蜊烫熟，只要看见蛤蜊一张口，就把蛤蜊夹出来。

3. 烫熟的蛤蜊只取肉备用。烫煮蛤蜊的汤汁不要倒掉。

4. 起油锅，热锅倒入鸡油，放入火腿丝、银芽快炒15下，倒入蛤蜊肉与1汤匙蛤蜊的汤汁，并加入酒、糖、红辣椒丝，最后炝入酒即可。

烟熏黄鱼

甘甜香鲜隽永迷人

李时珍的《本草纲目》记载黄鱼"甘平、无毒。合莼菜作羹，开胃益气"，甚至，黄鱼头中的小石子可以磨成粉末，用来治疗小便不通；晒干的鱼皮可以用来治毒虫咬伤——听起来似乎无一不是宝。

黄鱼，也称为"黄花鱼""黄瓜鱼""江鱼"，产于黄海、南海和东海，因为鱼头颅内有两颗小石子，所以又称"石首鱼"。我们在市面上可以买到的黄鱼，其实有两类，一种是身体较宽、鳞片较粗的小型黄鱼，另一种是鳞片细致的大黄鱼。这些年来，海穷了，听说渤海都禁捕黄鱼好几年了，野生黄鱼仍旧是一年少过一年。现在市场上常见的黄鱼多是养殖鱼或者半放养鱼，肉质与旧时肉细如蒜瓣的黄鱼简直不可同日而语。如果想要买到好的黄鱼，平日就得跟靠得住的鱼贩老板打好关系套好交情，有好货人家必定留给你，那才能吃到有钱也未必吃得到的好料。

以前在华北平津地区，春夏交接时节是黄鱼盛产的汛期。在台湾就幸福多了，几乎四季都尝得到黄鱼，金马澎湖都有，而且比华北所产的更大而肥。如果买到大黄鱼，通常我就红烧，可以久煮入味；若是中小型黄鱼，一斤三四尾的，我会拿来烟熏。熏好放凉当冷菜吃，一样美味。很多中医药的书籍都记载着，吃黄鱼有益于肠胃。不论有效无效，吃鱼都是健康的。夏天不想开火下厨，弄个烟熏黄鱼很方便。一顿饭吃上两条熏黄鱼，配点十香菜，饭后吃个水果，不是比外出吃饭吃得豪华吗？

这道烟熏黄鱼用了一个稀罕的配料——松枝。万一你的住宅附近真的找不到也无妨，可以省略。那么，就换上一汤匙的白米。这其中道理我也不甚了解，只知道要有糖分与淀粉一同作用。松枝当然也贡献了一些这类物质，还贡献了香气。红茶主要提供烟气，以及属于烘焙植物的特殊香味。至于味道的浓淡，你可以自己试验后再加改变。

有的厨师做烟熏鱼得先将鱼蒸半熟，我家的做法利落，直接生鱼入锅，中小火慢闷熏。总之，熏好的黄鱼真是金黄闪闪，鱼肉入口，甜甜的香气萦绕不去，令人回味。那股烟熏的特有气味，让我格外怀念起小时候的岁月。那个时代用炭炉，炭炉烟熏又别有情趣，让人觉得吃饭这件事情，好像吃是其次，整个烹制的过程与食材的取得，加上自家独门的料理手法构成的动人故事，才是最重要的部分。■

烟熏黄鱼

官邸私房菜参考食谱

材料

- 小黄鱼3～4尾
- 酱油3汤匙
- 盐少许
- 红茶1汤匙
- 松枝1汤匙或米1汤匙
- 黄色砂糖1汤匙
- 锡箔纸1大张
- 蒸架1个

做法

1. 将鱼洗净用厨房纸巾拭干,全身均匀抹上酱油,总共要涂抹两遍,平放在盘中腌10分钟。

2. 在炒锅或大型汤锅底内平铺上锡箔纸,在锡箔纸上面放入混合好的红茶与糖,最后撒上松枝。摆上蒸架、盖上锅盖,开大火闷至起黄色的烟雾,转小火。如果没有蒸架,可以架上两根竹筷。记得在架上先刷上一点油,避免鱼身粘黏。

3. 鱼再抹上少许盐,立刻放入锅中架上,盖锅盖焖7～10分钟。

4. 起锅时注意,掀开锅盖,等烟雾散尽,将整个蒸架提出来放凉,再起出熏好的鱼,这样较不容易弄破热腾腾的鱼身。

葱烤鲫鱼

粗菜细做的经典代表

多刺的玫瑰迷人,多刺的鱼诱人。可是刺越多,老人小孩就越无福消受,真是可惜。上海人的这道出名的葱烤鲫鱼,简直是专为了老少咸宜而发明的美食恩物。鲫鱼不论在何处,都不是昂贵稀少的鱼。尤其母鱼腹中饱满的鱼卵,香腴糯绵最让人流口水。

细刺多,也代表骨头多,骨头多就表示钙质丰富。聪明的人类于是想办法软化鱼刺,最好可以连刺带肉吞下肚,吃进愈多,钙质愈好,老人小孩一起来,还有孕妇也不妨多试试。为了软化鱼刺,我用上好的绍兴香醋,在厨房的炒菜锅子里头做起化学实验,炼制好风味的美食飨宴。我每次做这道菜,都把自己想象成穿着围裙的科学家,只不过我的围裙是金色的不是白色的。

我最爱葱烤鲫鱼里头的葱。光是入味又吸足鱼鲜的葱,就能让我多吃一碗白饭。吃葱还可以预防感冒，听说还可以让人变聪明。因此，我的葱烤鲫鱼中总是有满满的葱。在外头吃一份葱烤鲫鱼顶多配给你两根葱而已，遇上识货的老饕，还得眼明手快抢先一步，多紧张啊。

况且，在台湾做这道菜很幸福，因为台湾地区有堪称全世界最棒的宜兰三星青葱。三星因为位于迎风面，加上雨水多、水质好，长出来的葱特别甜美多汁。有了这等五星级好葱的加持，自己做的葱烤鲫鱼堪称天下第一小菜。

鲫鱼要选母的，八寸长的最好，太大或者过小都不宜——大的肉嫌粗些，过小肉太少不好吃。除了选母不选公，挑鲫鱼还有个诀窍，就是要扁身色白的，不要背脊发黑鱼身偏暗的。扁身色白的鲫鱼骨头比较软，肉也比较嫩；颜色暗黑偏圆身的鲫鱼则骨头硬挺，肉也略嫌粗了些。

做好的葱烤鲫鱼冷热均宜。这是一道适合吃凉的菜肴，但也不宜吃冰的，否则肉硬卵干。

一般情况下，最好上桌前一小时从冰箱里拿出来回温一下。有了这道菜，再简便的餐食都很难说它不够丰盛了。它既是小菜，也算得上是正规的主菜。餐桌上有了它，好像一下子增色不少。■

官邸私房菜
参考食谱

葱烤鲫鱼

材料

- 淡水小鲫鱼 2 斤
- 葱 1/2 斤
- 砂糖 1/2 碗
- 绍兴香醋 1 汤匙
- 绍兴酒 1 汤匙
- 酱油 4 汤匙
- 盐少许
- 水

做法

1. 葱洗净沥干水分，葱尾老叶稍微切除，对折后打个结。
2. 小鲫鱼洗净用纸巾拭干水分。
3. 起油锅，用中大火将鱼炸熟至酥，捞起。
4. 另起一油锅，放入葱煎香，然后将鲫鱼铺在上面，加入调味料，并倒入水淹没所有材料，中火煮到汤汁收干即可。
5. 煮好后整锅放凉，再夹起食用或放入保鲜盒冰在冷藏室。做好的鱼可以保存三四天，风味不减。吃的时候直接取用，不宜加温。如果不习惯吃冰冰的鱼，可以每次夹两尾鱼，用微波炉热 1 分钟。热过久，鱼肉会变硬。

曹白鱼蒸肉饼

腌与鲜的最佳拍档

咸鱼蒸肉饼是广东菜中很重要的一道家常料理。很多种类的咸鱼都能用来做这道菜,不过其中以盛产于江浙水域的曹白鱼最珍贵,也是上海人最喜欢的咸鱼。所谓的曹白鱼,就是用鲥鱼制成的咸鱼干。鲥鱼的鱼肉与鱼鳞之间充满脂肪,即使是清蒸,也为了能保留这层特殊的脂肪而不刮除鳞片。蒸好的鲥鱼,连同鱼鳞夹着鱼肉一同入口,薄脆滑润十分特殊。有了这么一层美味的脂肪,鲥鱼做成鱼干自然也不同凡响。蒸好的咸鱼脂润鲜咸入口即化,没有寻常鱼干纤维粗硬或糜散的缺憾。用曹白鱼来蒸制广东肉饼,是兼容并蓄结合两地最佳风味菜的一场精彩演出。

纤维细致但脂肪丰美的曹白鱼虽经过干燥发酵,但肉质并不会干柴发硬。也因为脂丰柔美,与盐结合之后,再经过水蒸气释放到绞肉里，形成一股与火腿有异曲同工之妙的特殊香气与口感。做肉饼最难的是肉的打水工序。一般来说，只要用黑毛猪的梅花肉，肥瘦比例三比七或四比六，细切粗斩或细绞后像处理狮子头猪肉碎那样朝同一个方向用力搅打后再加以甩打，肉就会出浆。然而在搅打之前，要先一遍遍分次陆续拌入少量的水，每一次都让肉充分吸收了水之后，再加入另一次的水。另外，要让蒸好的肉饼滑润细嫩入口清香不腻，那就要加入恰到好处的葱姜汁。最好的方法就是先将葱姜切丝后泡水5分钟，然后捞出葱姜挤出水来。用这样浸泡过葱姜的水来拌入肉末打水，可以去腥增味。

用好的咸鱼蒸出的肉饼，鱼肉绝对不会糜烂松散不成形，反而纤维清晰丝丝分明，入口细细咀嚼有陈香阵阵散发弥漫，毫无腥味。

蒸肉饼时，可以把咸鱼切成细丁，也可以整块摆在肉饼上，悉听尊便。请客时，我偏好前者，把大骨剔除，将鱼肉连同细刺切成细丁，再上锅与肉饼蒸煮，以方便客人食用。如果是家常便饭，我通常会用整块咸鱼，因为有些人特别喜欢啃食带骨的部分。以前的人做咸鱼下的盐比较重，如今讲究健康，已经可以买到减盐的咸鱼了，所以不太会觉得咸鱼入口过咸而发苦。

这虽然是一道家常下饭的菜，但因为用料讲究做工精致，即使貌不惊人，但请客要端上桌也往往能大获宾客青睐，给大家留下回味再三的深刻印象。■

曹白鱼蒸肉饼

官邸私房菜参考食谱

材料

- 曹白鱼巴掌大 1 块
- 梅花肉 2 碗
- 蛋白 1 个
- 姜葱水 1 碗（用姜丝、葱丝各 2 大匙，泡入 1 碗水中，静置 5 分钟后，将葱姜挤出水再放回碗中）
- 绍兴酒或米酒 1 茶匙

做法

1. 曹白鱼洗净，拭干水分，通体抹上一点酒后静置备用。
2. 将梅花肉切薄片后，细切成丝，再切成细粒，然后粗略剁一遍。
3. 将肉放入大碗内，拌入酒，然后拌入蛋白。记得，蛋白不可打过，要整颗放入碎肉中，用手抓的方式拌入肉中。
4. 再一次以每次 1 大匙的量加入葱姜水搅拌均匀。每次拌匀后，再加另一次的葱姜水。最好能将葱姜水全数用完。
5. 把处理好的肉末整理成圆饼状，放在有深度的瓷盘内，摆上整块咸鱼，然后撒上浸泡后的葱姜丝。
6. 在大锅内将 4 杯水煮开，把整盘咸鱼肉饼放入以隔水蒸的方式，大火蒸 20 分钟即可。

附注：打水时要慢慢搅拌，用筷子朝同一个方向搅动。这样许多次之后，肉才会出现肉浆，蒸出的肉饼入口会细致而汁多。如果觉得买到的咸鱼对自己而言太咸，可以洗净后放在浅盘子内，用水浸泡 10 分钟再取出，以去除一点盐分。但不要用大量的水去泡咸鱼，万一把盐分全部稀释掉，反而不好吃。

上海番茄牛肉

大蒜与浓油赤酱的绝妙演出

　　台湾地区的牛肉面不但是宝岛最具代表性的地方美食,也已经成了中国的国粹。可是,所谓的台湾牛肉面却并不是指某种特定口味。宝岛牛肉面有的花椒味浓一些,有的加入新鲜番茄,也有的加入欧美的番茄糊去腻,还有的甚至是加入汕头特有的沙茶提香。近年来也有的店家在汤头里加入了黄咖喱提味,让香气层次更加丰富。有人坚持正宗的川味牛肉面应该有一股蒜头香,有人则标榜所卖的牛肉面是正宗山东口味,说法纷纭,莫衷一是。

　　一般来说,红烧牛肉本身的做法就很广泛,最常见的就是以五香、花椒提味,再以酱油、酒、葱、姜、蒜烧炖而成。还有一种常见的做法是以豆瓣酱爆香切块的牛肉,再下中药材、酱油、辛香料焖卤。我们家的红烧牛肉有两种,一种是不放辛香料,纯以酱油、酒、冰糖烧烂而成,口味很像无锡排骨的香甜,而且是非常符合上海人浓油赤酱的风味;还有一种却是以大量大蒜和新鲜番茄炖煮而成,味道类似巴伐利亚炖牛肉(Gulasch),浓香四溢,一掀锅盖就引人垂涎。这道上海番茄牛肉配料看起来欧美风十足,但用上了中国的酱油,因此产生一种妙不可言的滋味。如果将酱油换成红葡萄酒,那就是简化版的红酒牛肉。

做这道菜我多用小花腱,如果喜欢肥嫩一点的口感可以试试牛肋条或牛腩。有黄牛肉最好,没有的话用新西兰或澳洲牛肉也很好,而美国牛肉较软嫩,我觉得不那么适合。有时候我也喜欢加一些牛筋一起烧,但是牛筋必须先入锅烧一小时后,再将牛肉放入,再烧一小时左右,这样才能将牛筋烧得入味又软。牛肉和牛筋在下锅前一定要用清水洗净并入滚水氽烫,再用水冲去残留的血水。虽然多了一道工序,却可以确保菜烧得好吃又好看。

大蒜和番茄是地中海菜肴的灵魂。在欧美很容易买到红彤彤的,长在藤蔓上一串串的番茄。这种巴掌大的红番茄皮薄肉肥,味道不至于太酸,非常适合入菜,特别是帮荤食解腻。大蒜的好处不必多说,整瓣入锅焖煮至熟透糯烂,不但将里面的营养素充分释放出来,而且吃起来少了呛辣,多了入口即化的香滑。上海菜用到大蒜的几乎都是红烧,譬如蒜子烧黄鳝、蒜子烧鱿鱼、大蒜红烧黄鱼。但不是所有红烧菜色都用到大蒜，比方说焐菜就纯以酱油、糖来调味。归纳起来，上海菜好像不兴把葱、姜、蒜三样辛香料放一起。大蒜的好处很多，历史学家说古埃及时期大蒜就已经被视为体内的杀菌良药；现代科学研究也显示，大蒜可以促进新陈代谢，抑制癌细胞。

而说到糖，偏甜的菜色多半出现在商业活动频繁，开发早的临海港市，而且这些地方多半比其他地区经济更富裕一些。这是因为早年糖是一种昂贵的物料，用得起糖还能多用糖，有着一种以财富为傲的炫耀心态。上海菜其实很多时候是用冰糖，因为冰糖甜味甘纯却不腻，又能为菜肴增添迷人的亮光，为浓油赤酱、颜色偏暗的上海菜刷上一层引人垂涎的风采。如果用普通的白糖，除了甜味会偏腻之外，也少了这层亮光，很可惜。把红烧牛肉烧成偏甜的滋味，这大概只有上海人才想得出来吧。而这道菜的汤汁滋味隽永，拌饭拌面两相宜，作为宴客菜，既讨喜又不失大方。■

官邸私房菜

官邸私房菜
参考食谱

上海番茄牛肉

材料

- 小花腱 3 个
- 大蒜瓣 20 颗
- 冰糖 1/2 杯
- 酱油 1 杯
- 绍兴酒或高粱酒 1/2 杯
- 红辣椒 2 条
- 水

做法

1. 牛肉汆烫后冲水,放入汤锅内。
2. 在汤锅内加入大蒜瓣、酱油、酒,然后加入水至淹没牛肉为止。
3. 大火煮开后转小火焖煮 1 小时,最后 10 分钟才入冰糖。
4. 起锅前撒入切段的红辣椒配色,稍焖就可以起锅。

洋葱虾

嫣红莹润冷热两宜

这是道很普通的家常菜,但却是冷盘热食两相宜,同时在中菜西餐中都可以排上榜的方便料理。请客时,事先做好放凉吃,既省事又讨好。多做一点冰着,不想做饭时煮点意大利面,趁面热滚滚时捞起沥干水分再拌入一点初榨橄榄油,然后放入炒锅和洋葱、虾一起拌炒,最后撒上意大利洋香菜,就成了香喷喷的欧风料理。一开始,这道菜的起源是为了把沙虾做成口味稍微重一点的下酒菜。沙虾的头与壳很好吃,可以尝到甲壳素。如果将沙虾做成上海式的油爆虾,总觉得有点委屈沙虾的鲜甜味,所以想到用健康的洋葱和大蒜来做。而且,洋葱在这道菜里不算是配角,它的分量其实可以放得和沙虾一样多。和大蒜爆炒过的洋葱丝甜脆爽口之余,还吸收了沙虾的鲜美,十分迷人。我也试过放一些

切成条状的青椒、黄甜椒作点缀，效果同样出色。

这道菜有两个秘密武器：绍兴酒和鱼露。炒虾不适合放酱油，单纯放盐又觉得香气单薄，而绍兴酒和鱼露就是增香添味的两大功臣，也让这道看似平常的菜吃起来有一种不同凡响的深度和层次。这两样调味料主要是炝锅用的，也就是在快起锅时才下。这时火一样要旺，先下酒再下鱼露，快手快脚拌两三下就可以了。此外，炒虾要好吃，一定得火猛油旺。为了减少用油量，可以用厚底平底锅先将虾子两面稍微煎过，这样可以缩短拌炒的时间，让虾肉更嫩。

洋葱是降血压、消血脂的好东西，凉拌或熟食风味各有千秋。黄皮的洋葱是最常见的，肉质比红洋葱更细嫩。另有一种俗称为"牛奶洋葱"的白皮洋葱，口感介于两者间，却具有红洋葱多水分的优点，而且甜度比黄洋葱高。红洋葱肉质厚实，适合炭烤做BBQ；白洋葱常用于墨西哥料理，炒软后不会像黄洋葱那样呈现焦黄色；反而是色泽金黄的黄洋葱生食有呛辣感，煮熟后入口却是浓浓的甜味。黄、白洋葱都适合用来做这道菜。白洋葱通常较贵，不过，偶尔若遇上好品质的车城白洋葱盛产，一棵才十块新台币。我总会见猎心喜买一大袋，无论中菜西餐做什么都适合，多吃还能预防感冒。

挑选时尽量选扁一点的，这样中央发芽的部分相对比较小，会比较好吃。下锅前，去皮之外，记得将最外面太老的那一层先剥下切细末——因为这里纤维较粗，可以切细下锅作爆香用。倘若你想弄个凉拌洋葱丝，那么这一层老叶请不要拿来生食。如果这层老叶外层有一些小小的破损，那就连留作爆香也可省略了，因为破损的地方即使很小，纤维也已经老化，水分和甜分几乎荡然无存了。

住在台湾宝岛的人很幸运，我们有各种鲜美的虾子，尤其沙虾更堪称是绝代美食之一。广东人称沙虾是"基围虾"，是一种虾壳薄脆、肉质甜嫩又无腥味的中小型海虾，与明虾是亲戚，但细嫩鲜美优于明虾。这种原产于福建、广东沿海的海虾以前就是比较昂贵的海产之一，而且产量日益锐减，越来越珍稀。而正因为它壳薄肉嫩，几乎可以整尾咀嚼下肚，用来与洋葱同炒，互不抢味又相得益彰，偶一为之拿来佐酒，又体面又好吃。■

洋葱虾

官邸私房菜参考食谱

材料

- 沙虾 1 斤
- 白洋葱或黄洋葱 2 棵
- 大蒜 5 瓣
- 葱 1 根
- 色拉油 3 汤匙
- 鱼露 1 汤匙
- 绍兴酒 1 汤匙

做法

1. 将洋葱去皮后,纵切成半厘米宽的粗丝。
2. 葱横切两段后,纵切成细丝。
3. 虾子洗净沥干,用厨房纸巾擦干剩余水分。
4. 用剪刀剪除虾头的尖端部分,以及足部。
5. 用牙签从虾背与虾壳之间剔除沙肠。
6. 用厚底平底锅起油锅煎虾。锅热后放入色拉油,将虾子一尾尾平放,不要叠在一起。如果锅子不够大,可以分批煎。将虾子两面稍煎至五分熟,起锅备用。注意随时调整火候,尤其如果锅子不够大时,要留意火不要太猛,别把虾壳煎焦了。
7. 在原来的锅内以余油爆香洋葱和大蒜,这时候火不要太大,用中火慢慢煸。等闻到香味时,开大火将虾子放入同炒 1 分钟。
8. 沿着锅边淋上酒,快速拌炒 30 秒。再用同样方式淋上鱼露,快炒 30 秒。撒上葱丝就可以起锅。

附注:如果买不到沙虾,用斑节虾也不错。如果只有白虾,建议你下酒前可以先下 1 小匙白糖。用够大的厚底平底锅煎虾可以确保受热均匀。而之所以一尾尾平放不重叠,是为了快速将虾子煎至五分熟。上桌时也可以不必放葱丝。

官邸私房菜

火腿鸡汤白菜

看不见学问的深奥料理

上海最出名的一道菜是腌笃鲜,用腌渍的食品与新鲜食物一同煨煮,成就出一种甘美馨鲜的特殊风味。由这样的概念衍生而出的美食除了鸡煨干丝,还有考验耐性与用心的奚家老豆腐。而以同样原理来做的还有这道火腿鸡汤白菜,虽然看不见令人赞叹的大鱼大肉,但这道表面素雅的蔬食入口清隽之余还有深厚的回味,反而常常赢得外国友人的赞叹。有时候遇上年节,我们会以全鸡来煮,而且在熬汤的火腿之外,多添了事先蒸过的火腿丝,整锅上桌气势非凡。如果是平日家常聚餐,我们喜欢用娃娃菜或者白菜心当主角,它们的菜帮纤维细,吃起来比一般大白菜嫩。这时候只需用几粒干贝和一两片火腿做搭配,没有全鸡一样吃得非常丰盛。和全鸡整锅上桌的,称为"火腿白菜",讲究的是用中段的金华火腿——这个部位油脂均匀、肉质较厚，久煮后不易松散。

做这道菜比较麻烦的工序就是预备高汤。高汤中除了老母鸡和火腿之外，还可以放入泡发的干贝，和绍兴酒、葱段、姜片一起炖煮三小时以上，然后取汤备用。不放干贝也可以，但如果要放，请一定要用越大的越好，千万不要挑选碎贝或小干贝。小干贝的味道深度不够，久煮后形同嚼蜡，虽然价格便宜很多，但仔细盘算起来是不合算的，反而很浪费。发泡干贝其实不难，先将干贝

冲洗干净，放入瓷碗内，用电锅隔水蒸 30 分钟。这样处理过的干贝可以分装在密封袋内冷冻贮放，不但可以拆丝炒鸡蛋，也可以随时拿出来煮面、煮汤，非常方便。而如果要耗时炖汤，发泡时不用蒸煮，只要改用温水浸泡 30 分钟就可以了。

俗话说"百菜不如白菜"，古籍中说，白菜可以养胃生津。白菜是大宴小酌两相宜的蔬食，冬天的白菜格外好吃。我家通常将较大的菜帮子剥下来炒菜吃，将里面纤维较细的菜心留着煨煮成火腿鸡汤白菜。如果买得到娃娃菜，我也会改用娃娃菜来做。它与白菜是同一个家族的，但娃娃菜色泽带黄，叶片皱褶较细，叶片也比较薄，吃起来很甜脆，绝不是小型的白菜或白菜心。只是要注意，白菜比较耐久煮，也需要煮久一点才会软嫩，而煮娃娃菜的时间就可以短一点。■

官邸私房菜
参考食谱

火腿鸡汤白菜

材料

- 火腿1块（约1斤重）
- 老母鸡1只
- 发泡的干贝5粒
- 葱2根（切2段）
- 姜片5片
- 鸡汤5碗
- 水10碗
- 绍兴酒1汤匙
- 大白菜，只取菜心的部分，大约1/2斤

做法

1. 老母鸡洗净后，用滚水余煮10分钟，取出放在水龙头下冲洗干净沥干水分。

2. 火腿洗净后，切成10片厚片，淋上一点酒，隔水蒸20分钟后备用。

3. 将10碗水放入砂锅，再放入鸡、干贝、5片火腿片、葱段、姜片、酒，以及蒸煮火腿时的汤汁，大火煮滚后转小火炖煮3小时。

4. 白菜剥除外面较老的大叶片后，切成四等份或六等份，一株株洗净，然后泡水10分钟，再放在水龙头下冲洗干净。

5. 用另一个砂锅，放入5碗煮好的鸡高汤，煮滚后放入白菜，转小火煨煮20分钟。

6. 起锅时将一株株白菜盛盘，淋上一些高汤，并放上高汤内的整粒干贝和火腿片即可。

附注：这是一道亦汤亦菜的美食，如果你喜欢让白菜勾芡挂汁，那么先将鸡汤另用小汤锅勾芡后再淋在白菜上。我家通常是当汤菜食用，因为白菜本身吸饱了高汤，一口菜吃进嘴里就是一包汤，回味无穷。

开阳白菜

海陆联手美味无敌

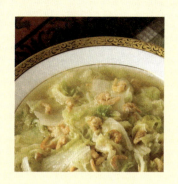

这算是一道懒人菜肴,开阳白菜的关键材料是虾——但不是虾米皮,而是虾米仁。即使什么都没有,开阳白菜也足以令人垂涎欲滴。大白菜是十字花科植物,据说有解热与通利肠胃、生津止渴、润肺化痰的作用。举凡十字花科的植物,多半有抗癌的效果,多吃准没错。华北冬天坐卧都在炕上,久了会上火气,因此《红楼梦》里头就写着,贾母三不五时要人弄一点凉拌白菜来吃吃,说是可以去火。

说来奇怪,华北气候寒冷,大家吃的菜肴中五样有三样是凉菜;南方气候温暖,反倒是热爱煲汤砂锅,一年四季都吃热滚滚的食物。江浙人、广东人甚至台湾人都爱喝汤,这倒是值得研究。

仔细想想,大白菜在我们生活中还是个常客,吃火锅少不了

它，狮子头少不了它，炒回锅肉也可以搭配它——好像只要想到去腻或者吸油，都少不了找上它。大白菜不是娇贵的菜，也往往不甚起眼，尤其在台湾地区，即使吃不到本地产的大白菜，也有日本大白菜、烟台大白菜、高丽大白菜可替换。好像只要想吃大白菜，几乎随时买得到，没听说过它缺货的。但是，大白菜却是值得我们珍重的蔬菜。它好贮放，容易烹煮，生熟皆美，又可以腌渍，肉食有了它画龙点睛，所以买菜不妨记得它。

这道菜肴的娇贵处是虾米，也就是所谓的开洋或者开阳。虾米在中国的饮食上面扮演着非常普遍的角色，而且虾子原本就是昂贵的食材，虾米比鲜虾又更贵。这道理就如同鱼干都比鲜鱼贵一样。依照虾米的来源，海里的叫海米，河里的叫河米，湖里产的叫湖米。一般来说，海米最贵，其中，硕大的明虾做成的对虾干最难得也价高，但不是因为个头大的缘故——山东就有一种小金钩，小不点儿却有非凡的身价。形成价格差异的主因还是滋味，鲜美是评价虾米的最高指导原则。当然，海里不同种类的各色虾子们，滋味的差别也相当大。如台湾的樱花虾味道就无敌的浓郁，相当与众不同。

此外，海米是众多虾米中营养最丰富的，因为它富含钙、磷等元素，蛋白质含量也高，医学上说它可以壮阳、补益体虚。海陆联手，一向都是美味的东方不败。做菜如果谨记这样的原理，就会变得很容易。挑的虾米一定要够干、颜色饱和、虾身饱满完整，不要弄些大小不均匀外加零零碎碎的货色。你想，那种虾米恐怕活着的时候就已经不健康了，或者是在捕捞或运输时候受到损伤，风味当然会差。另外，虾米并非是大就好，因为虾米的品种非常多。有兴趣研究的话，可以到台北市迪化街上的大型南北货店看看，那里有许多慷慨的店家提供试吃。

开阳白菜诀窍说穿了没什么，第一虾米要泡得够软，够出味。所以急不得，不可以用开水泡，要用温水加点酒慢慢泡开。中间还要换水，去掉杂质与腥味。第二个诀窍是，大白菜要肥大新鲜，不要拿冰得软炸炸的大白菜来做。软的菜基本上水分与汁液都少了，也不好了，出的汤汁怎么能跟虾米成就东方不败的海陆联手呢？

切大白菜也要注意，将叶拆散后洗净，先横切成三等份，然后刀刃平行于蔬菜的纤维来切，千万不可横刀切断纤维。最后要提醒的是，这道菜要突显虾米的味道，所以请不要用橄榄油或香油去炒，比较适合的是鸡油或葵花籽油。

做好的开阳白菜如果没有吃完，别急，留着下面条吃。加入高汤下白面条与开阳白菜同煮 15 分钟，就成了美味的上海煨面呢。

材料

- 大白菜 1/2 棵
- 虾米 2 汤匙
- 盐 1 茶匙
- 清水 4 汤匙

做法

1. 虾米用温水加点酒浸泡，大约每隔10分钟换水一次，25分钟后泡软取出备用。
2. 大白菜洗净，切适口大小。
3. 热锅放油，先爆炒虾米，再放入白菜梗，炒稍软后才放白菜叶，并且加水，煮滚后转小火。
4. 盖上锅盖焖煮15～20分钟，让白菜软透入味，此时再加入少许的盐巴调味。如果放入的虾米分量很多，也可以省略盐巴。

官邸私房菜参考食谱

开阳白菜

雪菜百叶

清鲜味美浓淡皆宜

雪菜就是雪里蕻,也写成雪里红。它是芥菜的一种,茎叶纤维多,适合做成咸菜和梅干菜食用。腌好的雪里蕻颜色碧绿,味道是咸的,还没有发酸发酵。百叶是煮豆浆时表面凝结的豆蛋白精华,又称为千张。它嫩滑鲜美营养高,跟雪菜拌炒后,把所有的好味道统统吸得饱饱的。

坊间的雪菜百叶通常只用上述两种材料,可是我们家往往会在蚕豆上市季节加上蚕豆,或者加上毛豆,多一种口感,也多一种视觉上的层次。新鲜蚕豆,Q糯甜美,毛豆则是甘鲜多汁。

好的雪菜脆脆的,炒好后还维持着碧绿颜色,煞是好看。买雪菜时记得拿起来闻一闻,要挑没有腌渍臭味却有淡淡咸香气的,才是好东西。百叶通常需要泡软,但是现在市场上都有发泡好的,

如果自己嫌麻烦或者怕失败,直接跟熟识的菜贩买发好的即可。发百叶是有点小技巧的,发得太软不行,一下锅就散了;没发透也不行,硬硬的口感不好不说,没有发透的百叶也不好吸收雪菜的汤汁。

　　这道上海人家都会做的家常小菜,主要是吃百叶,雪里蕻是调味料的主角,所以下盐的时候要手软些。至于有没有肉丝倒是其次,即使做成纯素也相当鲜美清香。然而,倘若要放肉丝,那就别用酱油去腌,免得影响菜肴的清爽色泽;也别用盐先腌过,肉纤维用盐腌了会缩紧,吃起来就会变老,影响口感。■

雪菜百叶

官邸私房菜参考食谱

材料

- 猪里脊肉丝 1/2 碗
- 雪里蕻 1 碗
- 百叶 1 碗
- 毛豆或蚕豆 1/2 碗
- 辣椒 1/2 条
- 葱姜末少许
- 酒 1/2 汤匙
- 糖 1/2 汤匙
- 盐少许

做法

1. 肉丝以少许酒腌过。
2. 雪里蕻洗净拧干水分,切除粗老茎梗,细切成末。
3. 毛豆或蚕豆洗净,去除外皮,用滚水氽烫 1 分钟,沥干水分。
4. 买回的发泡百叶用热开水烫过,撕开成小片状。
5. 热锅冷油炒肉丝,炒至八分熟盛起备用。
6. 另起干净油锅,油热下雪里蕻拌炒一下。等雪里蕻吃到油颜色发亮后,加入肉丝同炒。
7. 放入百叶与毛豆同炒,炒匀后加入辣椒、葱姜末,以及盐、糖。
8. 起锅前沿着锅边炝入酒,将全部食材炒透后即可。

油焖苦瓜

糖重色丰滋味浓

　　大家对上海菜的普遍印象是浓油赤酱,这种特色主要是由酱油与糖通过久煮焖烧,使水分自然散逸造成的汤汁收缩效果。浓油赤酱其实相当能表现上海菜重视的磨时间概念,这可能是因为愈是富庶的城市,愈是能奢侈地把时间花在调理食物上。同样的一棵菜,生吞水煮都能吃,大费周章也能吃。但是像《红楼梦》里吃茄子,花费万般心思与创意,做出一盘得来不易的菜,更能传达出饮食这件事情有着比填饱肚子深刻的内涵。

　　自己在家做油焖苦瓜,绝对不可能为了省时间加上芡粉。细小分子的太白粉、马铃薯粉等,吃多了难免对肾脏造成负担。另外,在我们家,其实做出来的上海菜并不如坊间的口味那般甜。这些关乎健康的关键,自己掌控才最放心。我们家的上海菜遵守的是

官邸私房菜

"汤醇味厚"的大原则。而且,上海菜是杭州、宁波、扬州、苏州、徽州和无锡菜的大融合,咸与甜的角色是相当的。

苦瓜是个热量低的好蔬菜,可惜味道苦,会让人却步。油焖苦瓜可以大大改善这个缺点,也就让更多人可以尝到苦瓜的好处。特别是,这道菜热吃凉吃都好吃,夏天吃更是能够消暑清热。吃苦瓜又不费牙,做给吃早斋的老人家,健胃好消化又下饭。

油焖苦瓜不适合用小而硬的山苦瓜来做,因为这道菜的精神就是要软而不烂、味透而不腻,山苦瓜不容易达到这样的目标。

官邸私房菜参考食谱

油焖苦瓜

材料

- 苦瓜1条
- 辣椒1条，如果不吃辣可以不放
- 大蒜2小瓣
- 油适量
- 酒适量
- 酱油1汤匙
- 冰糖1汤匙
- 水1碗

做法

1. 苦瓜去瓤切块，辣椒切小段。
2. 炒锅内放入少许油，油热下苦瓜拌炒至稍软。
3. 加入酱油、冰糖、水、辣椒、大蒜和酒。
4. 盖上锅盖焖10分钟即可。

鱼香茄子

麻辣酸香人人爱

鱼香茄子里头明明没有放鱼,吃起来却让人觉得尝到了鱼的鲜香。它主要的配料是姜、蒜、糖、醋、豆瓣酱,有的多加了鱼腥草或绞肉,而关键是豆瓣酱。鱼腥草在内地四川的店家是必有的配料,但我认为不放其实不会影响风味,因为葱、姜、蒜在一起,加上醋,就是川味豆瓣鱼的主要调味料。好吃的鱼香茄子要入口软滑,香辣中透着醋的微酸却又鲜甜。所以茄子要过油炸软,让茄肉释放甜味,呈现类似鱼鲜的甘嫩口感,再与酱汁佐料同烧,吸取味道。

好茄子饱满结实且弹性佳,紫色的外皮光润平滑,完好无缺。炸茄子最重要的是油温要够高,炸好的茄子才不会一咬一兜油。如果你不想浪费一大锅油光是拿来炸茄子,那么只要切记,把茄

子分批下锅,不要一口气统统去炸,就可以避免油少茄子多,突然降温使得茄子吸入过量油分的缺点。油炸的优点,是让茄子的颜色保持鲜艳,因为茄子容易氧化变黑。如果不喜欢油炸,也可以照我的做法,把茄子切好后立刻泡盐水,也能保持色泽。

科学家说茄子所含的维生素P是蔬菜界的佼佼者,能增强血管坚韧度,防止微血管破裂,也能降低胆固醇,预防高血压,跟中医说的去淤、消肿是同样的事情。■

官邸私房菜参考食谱

鱼香茄子

材料

- 绞肉4两
- 茄子4条
- 辣椒2条
- 蒜瓣6粒
- 冰糖1汤匙
- 酱油1汤匙
- 豆瓣酱1汤匙
- 水少许

做法

1. 茄子切滚刀块,大蒜斜切。
2. 茄子过盐水,保持色泽,加入适量苏打粉水。
3. 起油锅先爆炒绞肉、豆瓣酱,绞肉炒八分熟,肉末炒散后,将茄子、辣椒放入,并且加冰糖、酱油继续拌炒。
4. 加入少许水,转中小火,盖锅焖5分钟后,即可上桌。

干煸四季豆

脱水酥香的川厨秘技

这道菜在许多上海馆子或者江浙馆子也都吃得到,见识过南征北讨的奚家大师傅也很拿手。干煸是川菜的技法,用油炸让蔬菜脱水。下锅的蔬菜要是条状或者丝状,脱水务求快而彻底,可是做好的菜却不会干柴难吃。能够干煸的素菜包括茭白笋、鲜笋、香菇,荤菜有川味名菜干煸鳝丝、干煸小鱼。凡是把食材切细条油炸后脱水,再加调味料与配料炒香且入味,就是干煸,它的特点是吃起来酥、软、香、干爽。而且因为水分被脱除,食材容易入味,吃起来更美味。我很少做油炸菜,不过干煸火猛又快,倒不容易吸油,所以深得我心。而且,干煸的素菜多半是用高纤维的蔬菜,煸后纤维软化,多余的水分被去除,蔬菜会格外甜美。

川味本身就因为口味丰富受到大家喜爱,而抗战时期国民政府将首都从南京搬到距离日本远一些的重庆，以江浙人士为首的执政当局把江浙菜带进了四川。当然，四川的鲜明风味也在江浙人餐桌上、厨房里烙下了不可磨灭的印记。饮食是文化，饮食跟着人跑，但是饮食牵涉到物产、风土，是活的东西。既然是活的，就会生长变化，也就造就了南北东西料理大会串，更丰富了百姓的餐桌。在上海，甚至有些人还以为这是上海菜。

我不记得奚家请客有没有特别端出过这道菜，但这道很棒的下酒菜是我家餐桌上的熟面孔。据说四季豆原产于中南美洲，大约16世纪初传进了欧洲。它是四处可见容易生长的蔬菜，一年到头都吃得到，中高价位但波动少相当稳定。豆类都含有皂素，必须煮熟才能食用，否则会中毒。老一辈的人煮红豆绿豆得先泡水，有部分原因就是要破坏皂素。干煸四季豆保证没这项困扰与疑虑。

我做这道菜比较讲究油。橄榄油不宜加温过高，所以干煸适合用的是葵花籽油。还有一种油我也喜欢用，那就是纯白芝麻油，也就是俗称的香油。不过，有一种香油是调和过的，掺入了其他调味油，这种香油不能做干煸。有了好油，即使没有加肉末，这道菜吃起来仍旧滋味无穷。

虾米可放可不放，甚至开心的时候改放XO酱，也是别有风味。或者不用虾米，改用泡软的干贝丝，同样有虾米的海味提鲜效果，

卖相却更上一层楼。有些厨师还多放了冬菜或者榨菜末,我则往往省略,因为干货海米已经贡献了咸味,而煸后的四季豆口感也还爽脆,所以冬菜或榨菜末就显得多余了。倒是可以用冬菜或榨菜末取代海米,完全不用肉末,那也能呈现出清雅素菜的好滋味。

此外,干煸也可以加入四川辣豆瓣酱。它的变化颇多,同理也可烹制牛肉丝、猪肉丝,就连苦瓜、萝卜都有人做干煸。更有人在盛盘时再撒上花椒粉,那就更贴近川味了。■

干煸四季豆

官邸私房菜 参考食谱

材料

- 四季豆 1 斤
- 梅花肉绞肉 4 两
- 虾米 2 汤匙
- 蒜末 1 汤匙
- 姜末 1 汤匙
- 酒 1/2 汤匙
- 盐少许
- 糖少许

做法

1. 四季豆摘掉两侧筋条，洗净沥干水分。
2. 虾米事先泡软，切末。
3. 炒锅中热 3 大碗油，用中大火炸四季豆，炸到外皮起皱焦香，捞出。
4. 将炒锅中的剩油倒出，只留下大约 1 汤匙的油。热锅，放入虾米炒香后，加入绞肉同炒至干爽。
5. 放入四季豆与蒜末、姜末、盐、糖，快要起锅时，沿着锅边淋半汤匙酒，拌匀后即可。

奚妈创意菜

Chapter 3

奚妈虾松

清炒虾仁的雅致版

这道菜是湘菜的虾松与上海清炒虾仁的变身,因为清口吃炒虾仁觉得没有变化,摆盘也单调,所以借用了湘菜虾松的概念。

然而,这道上海式虾松是用自制鸡油爆炒的,里头也没有多放芹菜末、碎油条,单纯吃虾的鲜甜,只让莴苣的清脆与多汁来做口感的对比。因为满嘴洋溢着虾的鲜美,伴随绍兴酒的清香,任谁也不想再吃餐馆里贵又不实在的虾松了。况且,自制虾松每尾虾仁大约五块钱,十二尾虾仁可以做出三到四份,非常实在又吃得很安心。

江浙菜中的清炒虾仁,简直称得上是考验厨师水平的高难度菜色。要把虾仁炒到鲜嫩又晶莹剔透,不油不水又不能用芡,又要有鼎镬锅气,讲究起来还真是难呢。

光是说不能勾芡这件事，很多坊间的食谱就难以避免。用芡有时候可以弥补缺憾，可是上海菜真的非常罕见用芡。如果你真是没信心，腌虾仁时可以放一点点太白粉。但要记得，下锅炒时要下一点水稀释太白粉，让它糊化挂芡。

清炒虾仁是上海人家常见的菜肴，正统做法首先是要要用河虾，要小不要大，要新鲜现剥壳，不要市场上剥掉壳的现成虾仁。其次，入口要爽滑有弹性，咀嚼间唇齿鲜香四溢。还有，要整盘满是虾仁，一颗颗白里透红，没什么葱花、芹菜、红萝卜、豌豆、毛豆。

可惜河虾难得，就改用草虾或白虾吧，靠其他做工来弥补缺憾。剑虾肉质比较紧实带韧，颜色比较红，比较不适合。不过如果买得到漂亮的沙虾，就请试试看！■

奚妈创意菜参考食谱

奚妈虾松

材料

- 新鲜现剥草虾仁 24 尾，可做成 4 到 6 份
- 自制鸡油 5 汤匙
- 葱末 1 汤匙
- 姜末 1 汤匙
- 蛋白 2 汤匙
- 盐 3 茶匙
- 绍兴酒 3 茶匙
- 莴苣叶 1 棵

做法

1. 虾仁去头尾剥壳，用冷水冲洗虾仁黏液，大约连续重复 3 次。然后用纸巾吸干水分，在盘中一枚一枚分开摆着晾干，务求干燥。如果喜欢吃虾仁的原味浓一点，那么只要冲洗一次就够了，但这样炒出来的虾肉会稍微软一些，没那么脆 Q。

2. 取一个饭碗，放入姜末、葱末与绍兴酒 2 茶匙，泡着。

3. 莴苣叶洗净沥干水分，用干净剪刀修剪成掌心大小的小圆碟子状。一人份准备一片叶子。

4. 将干透的虾仁用刀细切成碎丁状，千万不可用拍打的，也不要乱刀剁斩，因为要吃虾仁的肉质口感，不是要吃碎末或虾浆。将切好的碎虾丁放入一个大碗内。

5. 用手捞起葱姜末酒，用力挤出汁液，拌入碎虾丁中，再加入蛋白与盐，搅拌均匀。

6. 在热锅中倒入鸡油，烧至七分热，放入碎虾丁拌炒。见虾仁转为白里透红，就在炒锅边缘炝入剩余的 1 茶匙绍兴酒，迅速拌炒后即可起锅。

7. 将炒好的虾松舀入莴苣叶内，一份份分别摆在盘中，就可以上桌了。

奚妈创意菜

鲜虾马铃薯沙拉

中西合璧的国际口味

早期在家里,这道菜可算得上是洋人的西菜。尤其早年在西化的上海,一般人家顶多拿马铃薯炒个肉片或红烧,做成沙拉代表主人家见多识广或者喝过洋墨水,在崇洋的时代营造出一种高人一等的错觉。而在国外居住时,这道西菜却让外国人惊艳又惊讶,也对马铃薯和鲜虾天衣无缝的搭配感到新奇。当我对他们解释这是一道中国人心目中的洋料理时,他们的反应都很有趣。有的朋友表示,外国口味的鲜虾沙拉的确会以美乃滋调味,但不会加入马铃薯。尤其当我把水煮蛋、芦笋、红萝卜、玉米粒统统加进去时,他们觉得这道兼具鸡蛋沙拉与马铃薯沙拉的开胃菜,实在既美味,又非常具有文化大融合的美好意义,很能够象征我们东西方的坚

固友谊。

马铃薯一直是便宜的家常食物，除了能提供充分的淀粉，还富含许多营养素，譬如钾、铁、钙、磷、维生素B、维生素C，以及丰富的纤维。原产于南美洲的马铃薯自从16世纪被西班牙殖民者带回欧洲以来，就逐渐成为欧洲的主要粮食，普及率仅次于面包。而且，因为马铃薯容易种植又能让人吃得饱，从此马铃薯几乎横扫全球，从西半球又传到了东半球。根据统计，中国和印度如今可是供应全球将近1/3马铃薯的生产大国。就是因为足迹遍布全世界的餐桌，马铃薯料理因此成了地球村的最佳代言美食。而美乃滋马铃薯沙拉正是其中最具国际地位的一道菜，尤其台湾料理用它搭配龙虾或鲍鱼，竟又成了贵气十足的宴客菜，将原本被视为"二流食物"的马铃薯变成豪华的珍馐，是非常具有创意的做法。而且，请客的时候，它又可以提前完成，省时省力，多做一些既可以当点心又能当轻松上桌的早餐。最可贵的是，你喜欢加进什么配料都可以，不论是玉米粒、奇异果丁、苹果丁、水梨丁或是芦笋，可以百变又多彩多姿，老少皆宜。但是要留意，如果一次多做一些，最好等到要吃的时候再将各种食材混合到美乃滋里，免得有些蔬果会因为事先搅拌入而出水，影响整盘沙拉的口感。

美乃滋的原型是西班牙的一种蛋黄油醋酱,大约17世纪由黎塞留公爵传到法国后,增添了法式香料与芥末,而且成了在西欧大受欢迎的一种调味料。在受到法国料理影响的区域,美乃滋有芥末的口味。在西班牙的势力范围内,美乃滋的基底油理所当然用的是橄榄油。到了崇尚欧洲风情的日本,美乃滋里头的酸味由米醋或苹果醋取代了柠檬汁。登陆到香港后,这道"薯仔沙律"多了炼乳的香甜。而在台湾,它几乎是人见人爱的点心兼主食。市面上的美乃滋品牌众多,口味也大不相同。大体上来说,美式的颜色偏白,口味较酸,因为它多半是搭配油腻的汉堡食用;日式的口味较柔和香甜;法式的比较呛,因为有芥末和香料的缘故。如果你愿意尝试自己做美乃滋,其实并不难,而且可以调配出最适合自己的味道。如果你没有多余的闲暇,直接用坊间的成品也无所谓。我个人比较偏好的是美式口味,因为偏酸的味道很能衬托出虾仁的鲜甜,而且没有太多香料的气味,能凸显食材本身单纯的原味。

马铃薯的品种非常多,又很容易在种子繁殖期间产生新的变种。有的马铃薯口感松软,有的富含水分口感清脆。在形形色色的马铃薯当中,黄皮的美国爱达荷马铃薯最适合做这道菜。它的个头大但大小均匀,表面平滑,质地干爽松软。德国的知名马铃薯（Mona Lisa）、美国专门用来做炸薯条的马铃薯（Rosset Burbank）、日本的"男爵"都属于这类黄皮马铃薯。英国的Red King Edward和Royal Red则属于红皮家族，质地干爽坚实，也适合油炸和做成沙拉。相较之下，白皮的马铃薯口感粉嫩滑润，更适合拿来做黏稠的薯泥。

作为家常菜，大可不必用到龙虾或鲍鱼，用台湾四季皆有的鲜虾就很棒了。要注意的是，烫虾子时要带壳，否则虾仁容易缩水，鲜甜也会大打折扣。带头带壳烫熟的虾子，剥去的头与壳可以留下来加上葱姜酒熬成高汤，用来拌面或煮汤，甚至连同熬好的高汤用搅拌机打碎做成海鲜浓汤。另一个重点是，马铃薯最好是带皮煮熟再除去外皮，这样可以使马铃薯不至于吸收过多水分，稀释了本身的味道，连带影响质地与口感，变得水水烂烂的。■

奚妈创意菜参考食谱

鲜虾马铃薯沙拉

材料

- 马铃薯 2 颗
- 鲜虾 1/2 斤
- 蛋黄 1 个
- 色拉油 1 杯
- 柠檬汁 1 汤匙
- 盐 2 茶匙
- 白糖 2 茶匙
- 黑胡椒 1 茶匙
- 洋葱丁半杯
- 姜 2 片
- 料理酒或绍兴酒 1 茶匙
- 鲜奶少许
- 细香葱或洋香菜 1 茶匙

做法

1. 在汤锅内放入 6 杯水煮沸。将马铃薯用软毛刷刷洗干净，用刀轻轻划开表皮，然后整颗放入汤锅内，煮 15 分钟后，取出马铃薯放凉后剥去外皮，切成小丁状。

2. 另用小汤锅烫煮带壳鲜虾。用 2 杯水煮滚后，放入虾子、姜片、酒，再次煮开后 1 分钟，就可以取出虾子。放凉后，剥去头与壳备用。

3. 在瓷碗或玻璃碗内打入 1 颗蛋黄，用打蛋器搅打。将蛋黄打散后，以一次 1 茶匙的量倒入色拉油，直到打成水乳交融状，就成了美乃滋。

4. 在美乃滋内加入糖、盐、黑胡椒搅拌均匀，最后调入柠檬汁打匀。这时候可以试试味道，如果觉得不够酸，可以调入一点白米醋或白酒醋。如果你喜欢偏甜的口味，可以多放一点糖。如果觉得太浓稠，可以调入一点点鲜奶稀释。

5. 将洋葱丁、马铃薯丁拌入美乃滋内，最后放入一半的虾仁，剩下一半的虾仁等盛盘时装饰在上面。然后，可以视喜好撒上细香葱或洋香菜，也可以省略。

附注：煮好马铃薯时盖好锅盖焖5分钟，会让马铃薯熟得更均匀。做好的沙拉可以冰在冷藏室内约一周，但也要尽快吃完。

马铃薯炖肉

我是中华美食,不是樱花妹

乍看菜名,很多人都以为是日本料理。其实,在中国华北、华南地区都可以见到这个家常菜,而且非常普遍。马铃薯是容易栽种与生长的蔬菜,营养好,煮透了容易吸收汤汁或酱汁的美味,老少皆宜,非常好消化与吸收。

若说东洋的马铃薯炖肉与中华料理的有何不同,那就是糖——日本人炖肉喜欢加糖,味道类似寿喜烧。另外,日本的马铃薯炖肉有些还会加上洋葱,增加烹煮后的天然甘味,那个滋味就更像寿喜烧了。我也喜欢放洋葱,可以增香,吃了还能降血脂抑制高血压,而且炖透的洋葱入口有股自然的甜味。

印象中,中华料理的马铃薯炖肉通常叫作"土豆炖肉"。也

有的是用绞肉来做，那就叫作"肉末土豆"了，可用猪肉也可用牛肉，但不适合用羊肉。马铃薯也叫"洋山芋"，顾名思义是舶来品。台湾的马铃薯大多来自美国，品种繁多。适合炖肉的是巴掌大的所谓波士顿马铃薯；有些因为含水分多，例如漂亮的珍珠马铃薯，不适合做这道菜——前者炖煮后会呈现绵密松软的口感，后者却会显得糊烂。所以，慎选合适的马铃薯也是关键。■

奚妈创意菜参考食谱

马铃薯炖肉

材料

- 马铃薯 3 个
- 洋葱 1/2 棵
- 猪梅花绞肉 4 两
- 冰糖 1 汤匙
- 酱油 2 汤匙

做法

1. 将马铃薯切成滚刀块,大小以两口为宜。
2. 洋葱切丁。
3. 起油锅,火转小,炒透洋葱。
4. 下绞肉一起炒香,再加马铃薯、冰糖、酱油以及水盖过马铃薯,水滚后小火煮 30 分钟即可上桌。

奚妈创意菜

麻辣酸菜臭豆腐

不臭就不够香

江浙人大概是全中国最爱臭豆腐的了,宁波菜馆里一定会有清蒸臭豆腐。手工制成的臭豆腐蒸得水润肥胖,一咬一口汁,旁人闻起来臭,吃的人却香得不得了。我们一般通称的臭豆腐其实有两种,北方人说的臭豆腐多半是指臭的豆腐乳,台湾人说的臭豆腐就是臭的发酵豆腐干。因此有一种说法,称清朝康熙年间北京王致和豆腐店发明了臭豆腐,这个臭豆腐其实是臭的豆腐乳。

酸菜也有类似的混淆。北方人说的酸菜是发酵的酸白菜,南方人说的是发酵的芥菜。这种南方酸菜几乎遍布中国的东南地区与西南地区,台湾与广东客家地区、云南、广西山区都会腌制这种酸菜。台湾坊间到处有酸菜可买,可是对我而言,买酸菜的难度不下于买梅干菜，因为遵照古法天然发酵无添加剂的酸菜越来越少。好的酸菜入口是慢慢发酸的，越咀嚼越散发出酸气，而且不咸，因为腌制芥菜时只需要用极少的盐让它出水去掉菜腥气而已，促成发酵作用的是淀粉转化成的糖分，就好像日本有一种腌制物是以米糠发酵的原理一样。如果买不到天然酸菜，不妨走访云南街，购买他们做的水酸菜。这种水酸菜虽然菜叶部分较多，但绝对安全，而且味道纯正天然。

臭豆腐的质地有膨松和紧实两大类，后者的口感比较像豆干，适合用来油炸，如果是蒸煮就必须使用前者，这是在买臭豆腐的时候要留意的事情。这种臭豆腐一定是手工制作的，外形比较不工整；而机器做的外形工整，体积较小，触摸起来也比较干硬——这是两者在外观上可以分辨的差异。

台湾因为气候湿润温暖，近年逐渐盛行麻辣口味的美食。不过，要自己在家调制麻辣汤底却不是一件容易的事情。首先，麻辣汤底要够香，一定要用大量的牛油爆香。其次，要将大量创造辣味的灵魂——干燥的红辣椒——泡水后剁碎入牛油爆炒。不但程序繁复，而且要购买质好地道的花椒、五香料也很费事。如果食用的量很多，那就无所谓。倘若只是偶尔为之拿来做菜，我建议你购买坊间合自己口味的现成麻辣酱，或者向喜欢的麻辣锅店家买

奚妈创意菜

汤底就可以了。有一点要留意的是，在家自制麻辣汤底满室飘香之际，烟雾弥漫残留的味道需要费一番工夫善后。

如果有一些现成的麻辣锅底是最好，只要加上一点麻辣酱，放入臭豆腐和酸菜就可以了。如果用现成的麻辣酱，最好配上高汤底，这样可以使汤汁味道比较有深度。倘若你想做个素食口味的菜，那么除了买素食可吃的臭豆腐和麻辣酱之外，加上一些冰糖、香菇和香菜，也可以做出喷香的麻辣臭豆腐。在做荤食麻辣臭豆腐时，我不喜欢放肉类进去，顶多在蒜苗上市的时节，上桌时放一点青蒜苗丝和新红辣椒末加以点缀。只要臭豆腐质地对，麻辣酱够香够麻，简单焖煮的麻辣臭豆腐滋味就会很棒。

奚妈创意菜
参考食谱

麻辣酸菜臭豆腐

材料

- 臭豆腐 6 大块
- 麻辣酱 2 大匙
- 麻辣汤底 1 杯（也可以用水或高汤取代）
- 水或高汤 4 杯
- 冰糖 1 大匙
- 酸菜

做法

1. 将臭豆腐洗净，拭干水分。
2. 酸菜洗净，用清水浸泡 20 分钟，捞起再冲洗一遍，放入滚水中煮 3 分钟，再用水冲洗一遍，然后切丝备用。
3. 在砂锅内放入麻辣汤底、麻辣酱、水或高汤，搅拌均匀。
4. 将汤汁煮滚后转中火，放入臭豆腐、酸菜，煮滚后转小火，焖煮 20 分钟，放入冰糖，再煮 5 分钟即可。

附注：一般酸菜买来后一定要先尝尝咸味如何，并且一定要充分洗净，煮沸，再洗净，以去除过多盐分与添加物质。如果你用云南水酸菜，只要将水酸菜漂洗一次挤干水分即可。水酸菜不需要煮沸。

海鲜米粉

南洋风的福州口味

　　这是一道很有南方海洋风的料理。米粉几乎是整个东南亚地区的共同主食之一，煮、炒都能吃出好味道，也是台湾美食里面的重要角色。早期在家里煮的米粉汤很简单，大骨高汤和油葱酥是主要的调味品，用韭菜、豆芽和几片白切肉点缀着，大家就吃得很满足。炒米粉则豪华一点，在韭菜、豆芽、油葱酥之外多了虾米、香菇和蛋丝。但是讲究慢工细活的炒米粉却是偶尔为之的请客大菜，特别是招待外国宾客时，好像总想着非要端出这么一道体面的台湾菜不可。早年最奢华的米粉汤是福州海鲜米粉，用猪油爆香炒葱段、高丽菜，做成的汤底浓香鲜醇，加上螃蟹、虾、蛤蜊、鲜蚵、鱿鱼，海派阔气鲜馨扑鼻，刚上桌时往往比炒米粉更能吸引宾客的眼光。

奚妈创意菜

渐渐地，随着经济的富裕，物资的充裕，加上出国旅行的丰富经验，米粉汤开始有了新面貌——有时候多了新加坡的黄咖喱香；有时候在米粉汤起锅时顺手放一撮香菜、九层塔，假装自己回到了泰国湄公河畔。我最喜欢的是在普吉岛度假时吃的海鲜口味米粉汤。用上好鱼露调味的米粉汤，即使没有用上大骨高汤调味，入口一样鲜美，而且一点油脂都没有，清爽无比。加上柠檬草、柠檬汁的提味，还会给人一种很清新的幸福感。

泰国口味的海鲜米粉汤很容易讨好所有的人，更重要的是它很容易做，失败率几乎等于零。如果你担心自己厨艺不精，又想在家请客，不妨试试这道菜。请客的话，可以用清鸡汤做底，让汤底入口的味道厚一点，更有深度一点。至于海鲜配料悉听尊便，蛤蜊、花枝、虾只是基本演员，你也可以放鱿鱼、新鲜干贝、鱼片等。不过，我的这道海鲜米粉又不完全是泰国风，而是糅合了福州海鲜米粉的特色，所以起锅前下一大把蒜苗是不可少的。我之所以用泰式米粉汤的做法，是取它省略爆香工序，少了油腻感，而且鱼露调味就足以创造出奥妙的鲜美感与特殊的咸味。至于福州海鲜米粉里头不可或缺的高丽菜，放不放随个人喜好，只要随海鲜材料一起放入煮滚即可，这样会保留高丽菜的爽脆口感，又稍微能将蔬菜的甘美释放到汤汁里。由于放了大把的蒜苗，因此，我的海鲜米中省略了香菜、九层塔或薄荷叶。倘若你喜欢这些香草的气息，那就用它们取代蒜苗吧。但是，有两个不可少的配料是大蒜末和红辣椒。放大蒜末是为了平衡鱼露的腥气，红辣椒则可以为汤头增加一点辛辣。尤其用新鲜红辣椒在起锅时拌入，汤头并不会过辣，却会散发出辣椒特有的香味。

海鲜米粉的灵魂当然就是米粉本身。最好能买新鲜的米粉，而不是用干燥过的米粉再还原。如果难买到新鲜米粉也没关系，只要切记，挑选米粉时要看清楚标示，做米粉汤用的米粉，米的含量比例最好高一些。掺杂其他淀粉的米粉口感会比较Q，比较适合做炒米粉，煮米粉汤会不容易吸收汤汁。另外，我采用的米粉也是福州海鲜米粉中的那种粗米粉——不是坊间黑白切米粉汤那种一截截胖胖的米粉，而仍是细长条的粗米粉。新鲜的米粉吃起来有一种珠圆玉润的感觉，滑滑润润，吸饱了汤汁，这种美味是细米粉达不到的境界。■

奚妈创意菜
参考食谱

海鲜米粉

材料

- 新鲜米粉 1 斤
- 带壳鲜虾 1/2 斤
- 花枝或透抽 2 碗
- 蛤蜊 1/2 斤
- 蒜苗 1 棵
- 高丽菜 3 碗
- 蒜末 1 汤匙
- 新鲜红辣椒 2 条
- 鸡高汤或水 10 碗
- 鱼露 1 碗

做法

1. 将鸡高汤煮滚,放入米粉。如高汤不够,就添入水,以盖满米粉。用中火继续煮 10 分钟。
2. 将蒜苗斜切成花备用,红辣椒切段。
3. 虾子洗净后,用剪刀剪掉头部尖端和足部。
4. 花枝或透抽洗净后,开膛去除内脏和外膜,切花备用。
5. 用小刷子在水龙头下,以活水刷洗蛤蜊外壳。
6. 开大火,依照顺序将虾子、花枝放入米粉汤内,一边搅拌一边煮。
7. 放入鱼露、蒜末。
8. 接着再放入蛤蜊,盖上锅盖,煮 5 分钟。
9. 开盖撒入蒜苗、红辣椒,搅拌均匀,约 1 分钟后就可以起锅了。

附注:也可以在起锅盛碗时挤上一点柠檬汁,会有清新的风味。鸡高汤可用大骨汤取代,两者的区别是鸡高汤比较清鲜,大骨汤比较浓郁。

奚妈创意菜

分享家的幸福

跋

奚彬（裘丽的儿子）

当年奚家的规矩甚严。爷爷在宴客的时候，孩子们是不得同桌进食的。所以全家爷字辈以下的叔叔、伯伯，以及再往下的小辈，大大小小十几个人只得窝进香喷喷的厨房里头，趁着帮大师傅打打下手的机会，捞一些锅边菜打打小牙祭。

久而久之，我们也或多或少都练出还算不凡的身手。最起码，像是我的二伯也能把一块小小豆干片成十二片薄；七伯伯也有能耐把一块五花肉烧到形状完整，却软烂到轻轻用筷子就可以分而食之。虽然如此，但真正能把所谓奚府传奇菜奚家老豆腐跟梦幻砂锅狮子头烧得出神入化，称得上深得其中精髓的，除了大师傅与祖母之外，唯有我的母亲。

年轻时候的母亲，虽然拥有靓丽的外形，但对煮菜也与时下多数少女一样一窍不通。幸运的是，我的记忆里没有这一段。从我懂事以来，印象中的她就已经是个厨艺高手，一手好菜让我享尽口福，从此也产生"曾经沧海难为水"的另一种美食人生的小小遗憾。

在那个带便当的小学年代，出身矜贵的母亲不辞劳苦，天天到学校给我送午餐。每天的午休成了我最期盼的时刻，尤其在打开餐盒的那一瞬间，围观同学羡慕的眼神与惊呼声更满足了我小小的虚荣心。

有一天，午休钟声响过了很久，同学都三三两两用完餐，我引颈等待的母亲却迟迟没有出现。我正等得心焦气躁，这时猛然听到学校广播通知我到保健室。一到现场，我惊讶地看到妈妈血流满面地倒卧在病床上。原来，送饭的母亲为了闪避下课横冲直撞的小朋友，额头狠狠撞到教室旁突出的水泥物上。护士阿姨把五厘米大的伤口简单快速止血后，赶紧将母亲送去医院缝合。当时的我不但吓坏了，也吓傻了，第一次忘记肚子饿。事后每每回想起这幕情景，虽然至今已经事隔近三十年，我仍然十分心疼母亲眉梢上的疤痕，也依旧能感受到母亲无微不至的关爱。

我是真有福气的，有一位这样的母亲。虽然千金大小姐难免偶尔闹点小脾气，但永远是真心对身边的人。虽然烧菜请客本身是一件蛮辛苦的事情，但因为邻居朋友们对她手艺的喜爱，她因此常常在家"以菜会友"大宴宾客。而每回有家宴的美事，她都细心地私下为我留着我爱吃的几样功夫菜，不管我工作到多晚，她都要等到我，完全忘了忙着宴客一整天的自己早累垮了。

拥有人人羡慕的私房菜固然幸福，拥有愿意付出体力与心力细心烹饪的母亲，才是我最大最大的幸福。而母亲愿意把当年蒋介石尝过的家厨与祖母的私房菜食谱公诸于世，也就是希望让更多人分享这样的幸福吧！∎

图书在版编目（CIP）数据

蒋公狮子头／严裘丽口述；傅士玲执笔；陈彦羽摄影．——北京：科学技术文献出版社，2012.9
 ISBN 978-7-5023-7484-6

Ⅰ．①蒋… Ⅱ．①严… ②傅… ③陈… Ⅲ．①苏菜-菜谱②浙菜-菜谱 Ⅳ．① TS972.182

中国版本图书馆 CIP 数据核字（2012）第 196646 号

北京市版权局著作权登记号：01-2012-7254

中文简体字版©《蒋公狮子头》2011 年，本书由时周文化事业股份有限公司正式授权，同意经外图（厦门）文化传播有限公司，由北京磨铁图书有限公司授权之出版社出版中文简体字版本。非经书面同意，不得以任何形式任意重制、转载。

蒋公狮子头

策划编辑：张炙萍　责任编辑：张炙萍　责任校对：唐炜　责任出版：张志平

出 版 者	科学技术文献出版社
地　　址	北京市复兴路 15 号　邮编　100038
编 务 部	（010）58882938，58882087（传真）
发 行 部	（010）58882868，58882866（传真）
邮 购 部	（010）58882873
官方网址	http://www.stdp.com.cn
淘宝旗舰店	http://stbook.taobao.com
发 行 者	科学技术文献出版社发行　全国各地新华书店经销
印 刷 者	廊坊市兰新雅彩印有限公司
版　　次	2012 年 11 月第 1 版　2012 年 11 月第 1 次印刷
开　　本	880×1230　1/32 开
字　　数	60 千
印　　张	7.5
书　　号	ISBN 978-7-5023-7484-6
定　　价	36.80 元

©版权所有　违法必究

购买本社图书，凡字迹不清、缺页、倒页、脱页者，本社发行部负责调换